医院建设工程全生命期 BIM 应用指南（2024 版）

——面向数字化转型的循证实践

中国医院协会
上海申康医院发展中心   编著
同济大学复杂工程管理研究院

同济大学 出版社
TONGJI UNIVERSITY PRESS
·上海·

图书在版编目（CIP）数据

医院建设工程全生命期 BIM 应用指南：2024 版：面向数字化转型的循证实践 / 中国医院协会等编著. —上海：同济大学出版社，2024.3
ISBN 978-7-5765-1035-5

Ⅰ.①医… Ⅱ.①中… Ⅲ.①医院－建筑设计－计算机辅助设计－应用软件－指南 Ⅳ.①TU246.1-39

中国国家版本馆 CIP 数据核字（2024）第 060334 号

医院建设工程全生命期 BIM 应用指南（2024 版）
——面向数字化转型的循证实践

中国医院协会
上海申康医院发展中心 　　　　**编著**
同济大学复杂工程管理研究院

责任编辑 姚烨铭　**责任校对** 徐春莲　**封面设计** 王　翔

出版发行	同济大学出版社　　www.tongjipress.com.cn	
	（地址:上海市四平路 1239 号 邮编:200092 电话:021-65985622）	
经　销	全国各地新华书店	
排　版	南京文脉图文设计制作有限公司	
印　刷	上海丽佳制版印刷有限公司	
开　本	787mm×1092mm　1/16	
印　张	16.25	
字　数	311 000	
版　次	2024 年 3 月第 1 版	
印　次	2024 年 3 月第 1 次印刷	
书　号	ISBN 978-7-5765-1035-5	

定　价　98.00 元

编 写 单 位

编著单位

中国医院协会、上海申康医院发展中心、同济大学复杂工程管理研究院

参编单位

北京市医院管理中心、上海申康医疗卫生建设工程公共服务中心、深圳市医疗卫生专业服务中心、南京大学 BIM 技术研究院、上海市医院协会建筑与后勤管理专业委员会、北京市医院建筑协会、广东省医院协会医院建筑管理专业委员会、深圳市医院协会医院建筑管理专业委员会、浙江省医院协会医院建筑管理专业委员会、江苏省医院协会医院建筑与规划管理专业委员会、上海市浦东新区卫生财务资产与工程安全事务中心、上海市第一人民医院、上海市第六人民医院、复旦大学附属中山医院、复旦大学附属华山医院、上海交通大学附属瑞金医院、上海交通大学附属仁济医院、上海交通大学附属第九人民医院、上海市公共卫生临床中心、上海市精神卫生中心、上海市口腔医院、南方医科大学南方医院、中山医科大学附属第一医院、浙江省人民医院、中国医科大学附属盛京医院、苏州大学附属第一医院、北京大学第三医院、江苏省人民医院、上海建科工程咨询有限公司、五洲工程顾问集团有限公司、上海工程建设咨询监理有限公司、德列孚(上海)物流技术有限公司、上海伟申工程造价咨询有限公司、上海财瑞建设管理有限公司、上海明方复兴工程造价咨询有限公司、上海科瑞真诚建设项目管理有限公司、上海科瑞漫拓信息技术有限公司、江苏省复杂项目绿色建造 BIM 技术应用工程研究中心

本书编委会

编委会主任

张建忠　李永奎　魏建军　蒋凤昌

编委（按姓氏拼音排序）

曹玲燕	曹梅芳	柴恩海	陈凤君	陈海涛	陈　梅	陈乃明	陈甜甜	陈　童
陈　音	陈中建	程　明	戴　星	董　杰	董　军	董永贤	傅　浩	顾向东
韩爱民	韩艳红	昊　旻	蒋　超	蒋凤昌	金人杰	郎灏川	李　劲	李　泉
李树强	李永奎	连志刚	刘学勇	陆志红	马　进	梅国江	倪宏斌	祁少海
邱宏宇	邵晓燕	沈柏用	沈　轶	盛　锋	施裕新	宋徽江	宋文超	孙　静
王　斐	王涵箐	王　岚	王　宁	王振荣	魏建军	文雄武	吴恢辉	吴璐璐
奚益群	夏　云	项海青	徐　诚	徐同镭	许佳章	严　犇	阎作勤	姚　蓁
叶　茂	余　雷	虞海彦	张　斌	张朝阳	张建忠	张　深	张　威	张优优
张之薇	赵海鹏	赵文凯	赵奕华	周　全	周　晓	朱　根	朱永松	庄瑞佳

编写小组（按姓氏拼音排序）

曹　华	曹　晏	常　盛	陈德赓	陈　梅	陈寿峰	丁　夏	董　杰	方鹏泉
韩　凯	蒋凤昌	姜　云	李永奎	林　楠	刘　杰	刘　军	刘亚强	刘　印
钱丽丽	沈宇杨	石蔚人	苏　康	王　萍	王茜茹	吴雪峰	夏春翔	向雪冰
肖忠辉	杨星光	姚栩申	袁　洁	张怀总	张家柒	张建忠	张玉彬	

评审专家

张　宏	李　迁	周　诚	戚　鑫	田家政	刘福东	朱亚东	张树军	陈　方
罗　蒙	乐　云	何清华	吴锦华	杨燕军	蔡国强	陈国亮	曹　海	胡道涛
贾　延	张正锦							

前言 **PREFACE**

2018 年，中国医院协会医院建筑系统研究分会组织编制和发布了《医院建筑信息模型应用指南（2018 版）》，这也是目前国内外唯一面向医院领域的建筑信息模型（BIM）应用指南，为指引各地医院开展 BIM 技术应用、充分发挥 BIM 应用价值以及推动医院建设高质量发展起到了重要作用。该指南所提出由业主主导的全生命期 BIM 应用模式以及 BIM 与医疗工艺结合的应用理念被行业广泛认可，目前已经形成了医院领域 BIM 应用特色，也为其他复杂建设工程 BIM 应用提供了借鉴。

在 2018 年至今的五年中，医院领域 BIM 应用发展迅速，成效显著。以"龙图杯"全国 BIM 大赛为例，2015 年医院项目获奖数量仅为 7 项，约占获奖总数的 7%，而 2023 年获奖数量则极速增长为 117 项，约占总数的 13%，不管是数量还是比重均有大幅增加。围绕医院领域的 BIM 应用研究也迅速成为热点。以中文期刊为例，知网数据库中相关论文数量从 2015 年之前年均不足 10 篇增加到 2022 年前后年均接近 100 篇。医院建筑的复杂性使其成为民用建筑 BIM 应用最为活跃的领域之一，也充分体现了 BIM 在医院建设工程中的巨大价值。

但近几年，医院领域 BIM 应用也遇到了一些新挑战和新问题。一方面，进入后疫情时代，不断提出"双碳"目标、高质量发展、智慧医院、精细化管理及城市信息模型（CIM）等新战略，对医院领域 BIM 应用提出了更高要求。另一方面，BIM 应用还存在认识不足、投入不够、专业性不强、应用标签化、模式落后和效果差异大等一系列问题，影响了 BIM 价值的充分发挥。

循证思维源于医学领域，即循证医学（Evidence Based Medicine），是将最佳研究证据与临床专业知识和患者价值观相结合的学科,包含"三足凳(Three Legged Stool)原则",即:关于治疗是否以及为何起作用的最佳研究证据、临床的专业知识(临床判断与经验)、患者的偏好与价值观。循证医学是科学和实践的融合,从而形成了循证实践(EBP)。循证实践思想已经在教育、建筑设计、法律、公共政策等多个领域得到了应用,也为 BIM 应用提供了重要启发。鉴于医疗卫生领域 BIM 应用已经到达一个新的阶段,必须形成专业决策模型,也就是将最佳可用证据与项目背景、需求及工程管理、医疗服务等专业知识相结合,为项目全生命期提供增值服务。

为了进一步引导医院领域 BIM 应用的健康发展,为医院建设工程全生命期创造更高价值,中国医院协会医院建筑系统研究分会组织相关单位,秉承循证思维,对过去五年 BIM 应用经验进行了系统总结,对医院领域 BIM 创新应用进行了深入研究,提出面向新时代高质量发展要求的 BIM 应用新版指南。和 2018 版相比,新指南更强调以下几点:

(1) BIM 应用的最终目的是价值创造。BIM 应用不能为了应用而应用,其必须为医院建设前期决策、设计管理、招标采购、施工管理、开办准备和后勤运维等全生命期提供增值和赋能服务。因此,衡量 BIM 是否成功也应以价值创造的程度为重要依据。

(2) 从 BIM 到 HIM(医院信息模型)的拓展。医院即服务,而医院服务功能的发挥除了建筑系统以外,更重要的是医疗设备、医疗工艺等多要素的融合与协同,因此要充分发挥 BIM 价值,BIM 的建模对象必须从传统的建筑系统拓展到医疗系统,从而形成医院信息模型。

(3) BIM 和医疗工艺的深入融合。医院领域 BIM 应用必须从系统角度出发,突破仅关注建筑系统的传统视角,将 BIM 与医疗工艺融合分析,面向最终运营和用户需求,提高医院的系统运行效能,打造高质量医院。

(4) BIM 和工程全生命期管理的深入融合。BIM 是一种新的技术体系,更是一套新的工作方法体系,BIM 应用与前期决策管理、建设期项目管理、运维期后勤管理不能"两张皮",BIM 只能通过与管理结合才能充分发挥其潜在价值。

(5) 业主的主导和驱动作用更加重要。业主是整个项目的策划者、组织者和集成者,因此是项目成败的决定性因素。随着设计、施工等参建单位 BIM 应用日益普遍,业主在整个 BIM 应用中的主导和驱动作用愈加重要,尤其是面向全生命期的 BIM 应用,业主是 BIM 应用成败的决定性因素。

(6) 基于模型工程的仿真方法。医院是复杂的建筑系统,更是复杂的运营系统,要打造高品质医院,必须转变传统工作方式,借助 BIM 的可视化、性能化、参数化和集成化特征,与其他仿真技术相结合,构建数字孪生系统,先仿真再设计、先仿真再施工、先仿真再运行,实现医院建设与运维向数字化转型。

（7）与智慧医院和智慧城市对接。智慧医院是包括智慧医疗、智慧服务和智慧管理的复杂系统，BIM 是智慧医院的基础设施支撑子系统，而智慧城市是包括智慧医院在内的系统之系统（SoS），由此医院 BIM 应用、智慧医院与智慧城市就形成了相互关联的多层次系统，BIM 应用需要进一步与这些系统对接。

（8）不断创新与迭代。医疗服务系统在不断变革，导致医院建设的需求在不断变化；同时，BIM 及其相关技术也遵循摩尔定律在不断发展，因此医院领域 BIM 应用从来都不是固定不变的，需要不断创新、不断实践、不断迭代。

新版指南延续了 2018 年版本按照阶段划分的基本思路，但在写作风格上有了不少新的变化，更加详细地描述了 BIM 应用的目的和应用步骤，同时增加了大量应用范例，以更好地指导实践，提高实用性。

诚然，本指南还存在不足和缺憾，敬请读者批评指正。

本书编写组
2024 年 3 月

范例索引表

医院项目名称	应用点	范例编号
某市中医医院新院区项目	场地分析	3-1
	施工阶段模型构建	4-13
	开办辅助	5-21
某市第六人民医院骨科临床诊疗中心项目	方案日照分析和方案比选	3-2
	一级医疗工艺分析	3-16
	二级医疗工艺分析	4-3
	辐射影响范围模拟分析	4-10
	净空分析	4-12
	三级医疗流程模拟分析	4-15
	管线布置	4-19
	手术层的深化设计辅助及管线综合	5-3
	预制装配式钢结构应用	5-9
	深化设计变更与价值工程应用	5-17
某市公共卫生临床中心应急医学中心项目	建筑性能模拟	3-3
	规划方案模拟漫游	3-8
某市胸科医院科研综合楼项目	建筑性能分析	3-4
	功能方案比选	3-7
	流线规划分析	3-11
	专业模型构建	4-1
	专业碰撞分析	4-2
	电梯选型	4-7
	冲突检测及三维管线综合	4-14
	机械式停车库模拟分析	4-22
	消防疏散分析	4-24
	施工场地规划模拟	5-4

（续表）

医院项目名称	应用点	范例编号
某市胸科医院科研综合楼项目	地下工程施工方法模拟	5-5
	地下停车库预埋铁件及构件深化设计	5-7
	采购辅助	5-11
	桩基施工方案模拟	5-14
	质量创优应用	5-18
	安全管理应用	5-19
	竣工 BIM 构建	5-20
某市胸科医院项目	基于 BIM 的运维应用系统	6-2
某市胸科医院住院楼大修项目	新旧机电双系统同步运行的逐层大修应用	7-2
某市综合医院科教综合楼项目	方案比选	3-5
某市肺科医院肺部疾病临床诊疗中心项目	方案比选	3-6
	内部模拟漫游	3-10
某市肺科医院立体车库项目	停车模拟分析	4-21
某市肺科医院发热门诊改造项目	综合应用	7-3
某市口腔医院新院区项目	方案和交通模拟漫游	3-9
	诊疗空间"BIM＋平疫转换"模拟分析	4-11
	气流组织模拟分析	4-16
	4D 施工模拟	5-13
某市医院新院区国家级医学中心项目	交通模拟分析	3-12
	管线综合	4-18
某市医院北部院区二期扩建工程	物流模拟分析	3-13
	人流分析	4-5
某大学附属医院分院院区	物流规划模拟分析	3-14
	物流专项设计分析	4-23
某市第一人民医院眼科临床诊疗中心项目	一级医疗工艺模拟分析	3-15
	二级医疗工艺分析	4-4
	大型设备管理辅助	5-15

（续表）

医院项目名称	应用点	范例编号
某市第一人民医院北院区项目	拆除旧建筑模拟分析	5-1
	市政管线搬迁模拟分析	5-2
某市综合医疗卫生中心项目	面积统计分析	4-6
	地下室模块化预制装配式机电管线应用	5-10
某市医院内科医技综合楼项目	空间布局模拟分析	4-8
	工程量计算	4-20
某市医院科研综合楼项目	弹性空间布局分析	4-9
某市部分市级医院建设项目	典型部位净空分析	4-17
某市大学附属医院二期工程	手术部 BIM 综合应用	4-25
	直线加速器大体积混凝土施工方案模拟	5-6
某市皮肤病医院门急诊医技病房综合楼项目	"BIM＋PC"应用	5-8
	装配式构件材料管理	5-16
某市第十人民医院新建急诊综合楼项目	招标辅助	5-12
某市医院	基于 BIM 的后勤一站式智能管理系统平台	6-1
某省妇幼保健院	BIM 可视化综合运维管理平台	6-3
某市医院病房综合楼改扩建项目	新旧建筑贴建应用	7-1

目录 CONTENTS

1

总 论

2

应用总揽

3

规划阶段应用

4

设计阶段应用

5

施工阶段应用

6

运维阶段应用

7 改扩建和修缮工程应用

8 基于 BIM 的项目协同平台

9 成果要求、验收与应用评价

10　取　费

总

论

1

1.1 理解 BIM

BIM，通常称为建筑信息模型（Building Information Modeling）。尽管在 20 世纪 70 年代甚至更早学术界就提出了类似概念，但真正对行业产生重要影响的还是 2002 年 Autodesk 公司发布的 BIM 白皮书，该白皮书为建筑全生命期实现更高质量、更快进度和效率以及更低成本提供了一种新的策略——BIM 解决方案。

目前对 BIM 并没有统一的定义，具体内涵也存在多种理解。例如：国际标准组织设施信息委员会（Facilities Information Council）认为，BIM 是：

"利用开放的行业标准，将设施的物理和功能特性及其相关项目的全生命期信息进行数字化呈现，进而为项目决策提供支持。"

我国住房和城乡建设部发布的《建筑信息模型应用统一标准》（GB/T 51212—2016）则认为 BIM 是：

"在建筑工程及设施全生命期内，对其物理和功能特性进行数字化表达，并依此设计、施工、运营的过程和结果的总称。"

随着技术不断发展以及应用不断推进，BIM 的内涵越来越丰富。总体来看，理解 BIM 应包括以下 5 个方面：

（1）BIM 的对象不仅仅是建筑（Building），BIM 适用于任何工程对象，例如工业厂房、道路、桥梁和铁路等的设施（Facility）、资产（Asset）或项目（Project）。

（2）BIM 中的模型既是一种数字化的三维展示，更是一个包含工程对象物理特征和功能特性的数据库。

（3）BIM 建模过程是一个协同设计过程，过程中既包含运用各种软件和硬件进行模型的构建、整合、更新和共享，也包括设计流程优化和设计管理与协同活动。

（4）BIM 应用在工程全生命期中，利用 BIM 的可视化、性能化、参数化和集成化优势，开展基于模型的建筑性能、施工组织、建筑安装和设施运维等各种模拟分析，进行项目进度、造价、质量和安全等目标控制，形成基于 BIM 的智能建造、数字孪生和智慧运维服务等。

（5）随着 BIM 应用深度和广度的不断增加，BIM 应用范围已经超越了数字化协同设计、施工模拟等 3D 和 4D 范围,开始覆盖项目全生命期的前期开发管理(Development Management,DM)、项目管理(Project Management,PM)和设施管理(Facility Management,FM),以及更广泛的工程企业和行业数字化转型、智慧城市管理等领域,形成"BIM +"和" + BIM"等丰富场景应用,BIM 应用推动了更大系统的数字化变革,当然也遇到了更多挑战。

1.2 医院工程复杂性与 BIM 价值

医院是最复杂的民用建筑类型,也是管制性最强的建筑类型,而医院基本建设是一类典型的复杂系统工程,其复杂性体现在以下 5 个维度:

(1)类型和构成维度。医院类型包括综合、中医、专科和康复等,专科包括骨科、口腔、肿瘤、儿童、精神病、传染病及皮肤病等医院;医院功能包括急诊、门诊、住院、医技、保障、科研及行政等;相应空间类型,根据 OmniClass 信息分类标准,可分为 19 大类 395 子类的功能空间;专业系统则包括建筑、结构、机电、气体、物流和防护等。此外,从服务角度,医院还需要为高效能的医疗工艺提供资源支撑。

(2)环境维度。医院的规划与建设受战略、政策、市场、自然、社会、法律和周边环境等多方面的影响,特别受医疗卫生事业发展、城市发展、学科发展战略的驱动,以及法律法规与周边环境的制约。相对一般建设工程而言,医院的设计和建设受到的规制性约束更强。

(3)组织维度。建医院不是简单地盖房子,整个建设过程体现出系统开放性、利益相关者多样性、需求复杂性和变动性等特征,涉及政府相关部门、医院各科室、代建、设计、咨询和专业供应商等,这是医院建设工程项目管理复杂性的根源。

(4)技术维度。医院建设体现出诊疗技术、装备技术、工程技术、信息技术和人文美学的交叉融合,具有跨专业、跨部门甚至跨行业的复杂性。由于不同领域技术发展的速度不同,从而给医院的设计、建设和更新改造带来了挑战。

(5)目标维度。医院建设体现出投资造价、质量、安全和进度等多目标的矛盾性。在我国发挥医疗服务主力军作用的还是公立医院,但公立医院受到造价限制的因素较多,在投入上和医院的高质量发展需求相矛盾,也给建设管理带来了压力。另外,除了受到突发事件等影响外,医院建设还受到进度控制和韧性能力建设等更高要求的影响。

面对这些复杂性挑战,当前医院建设单位以及各参建单位普遍存在管理经验少,管理理念、管理方法和管理手段落后及管理能力不足等问题,从而带来超投资、进度拖延等一系列问题,甚至引起投入使用后的大修大改,给政府投资带来巨大浪费。医院工程建设需要借助新的技术来提升管理水平。

美国项目管理协会(Project Management Institute,PMI)、达沃斯经济论坛以及麦肯锡公司都将 BIM 技术列为塑造未来建筑业以及影响项目管理发展的变革性技术体系和工作方法。国内外的广泛实践显示,BIM 技术应用在多方面具有良好的工程价值。根据 DODGE 数据分析以及 McGRAW Hill 等研究报告,BIM 对纵向上工程全生命各阶段和横向上各管理职能、各专业之间的协同配合、集成管理都具有重要价值,可有效提高前期和设计阶段决策效率和决策水平,改进设计和施工文件质量和现场管理的粗放现状,大幅提高工程建设与运维的精益管理水平。

BIM 被视为天然地适合医院这类复杂民用建筑。随着 BIM 在医院领域的推广应用,BIM 成为医院前期方案和协同设计、智能建造、数字孪生与智慧医院建设不可或缺的数字基础底座和数字化转型的关键技术支撑。BIM 技术在医院建设工程全过程规划、设计、招投标、施工和运维阶段,依据不同的工程特点和应用需求,具有不同的技术与管理价值以及社会效益。具体包括:

(1)规划阶段应用价值。实践证明,BIM 技术应用应遵循"越早越好"原则,以充分发挥 BIM 在前期策划、概念设计或规划设计阶段的价值,提高项目前期立项和决策水平。该阶段可以根据项目的建设条件,研究分析满足医院建筑功能和性能要求的总体方案,并对建筑的总体方案进行初步评价、优化和确定。据此,可以采用 BIM 技术对项目的设计方案进行数字化仿真模拟以及对其可行性进行验证,对下一步深化工作进行推导和方案细化。应用 BIM 对建筑项目所处的场地环境进行必要的模拟分析,如方案比选、规划论证、土方分析和强降水风险评估等,作为立项建设和方案设计的依据。进一步应用 BIM 软件建立三维建筑模型,输入场地环境相应的信息,对建筑物的物理环境(如日照、气候、风速、采光、通风及噪声等)、出入口、人车流动、结构、能耗和医疗工艺等方面进行可视化、参数化模拟分析,辅助科室沟通和业主方领导决策,选择最优的工程建设方案和设计方案,且可将相关成果用于向主管部门报批报建。

（2）设计阶段应用价值。BIM 在设计阶段通过各专业模型构建、平立剖检查、面积明细表和统计分析、空间布局分析、净高分析、管线综合和冲突检测、三级医疗工艺分析及造价辅助控制等应用，极大提高了设计质量，为后期招标和施工提供依据和支撑。具体而言，该阶段 BIM 应用有助于减少设计错误、加快设计进度，有助于业主内部沟通、减少设计变更、提升建成环境品质、精确控制造价以及实现绿色设计等。随着新兴技术的不断应用，BIM 技术可对物流系统、机械停车库、手术中心和病区等进行有效模拟分析，从而可优化设计，减少后续修改。尤其是，通过"BIM＋二级医疗工艺流程"仿真及优化，能确定整个新建、改扩建项目每个功能单元内部的房间布局，以便各个功能单元内部获得更好的、满足医院建筑功能需求的布置形式，实现人流、物流动线合理布设，提高医疗工作的安全性和效率。进一步通过"BIM＋三级医疗工艺流程"仿真及优化，使医院建筑的每个诊疗房间满足医疗工艺流程需求。基于施工图阶段各专业 BIM，应用各类性能分析软件，精细化分析室内设施设备、医疗家具、水电点位等设计内容，科学选型，优化布局，并对特殊诊疗空间进行气流组织优化，从而使得落地的实施方案符合人机工程原理，满足医院感染控制、疫情防控等需求，保证医院建筑诊疗空间的高品质设计。

（3）招标投标应用价值。与一般民用建设工程相比，医院建筑的招投标工作项目众多、次数多，任务繁重。尤其是，医院项目专业工程涉及面广，技术要求复杂，参建单位数量众多，在一般建筑专业工程的基础上，还包括净化手术室、放射屏蔽、医疗气体等医疗专业工程。作为最复杂的民用建筑，医院项目的暂估价材料设备采购品种多，包括电梯、锅炉、空调、配电箱、热泵机组和雨水收集等，专业性强，对技术性能要求高。BIM 技术可以用于完善招标相关文件资料，辅助工程发包与材料设备采购管理，通过提供准确的项目信息推动招投标的透明化和公平竞争。在招投标过程中，BIM 可以帮助招标方更好地了解项目管理的难点和风险，掌握管理关键要素，从而更准确地制订招投标策略和预算，以确保项目按时完工。在专业工程招投标中，BIM 可以帮助设计师或专业工程承包商制作更加准确的图纸，如机电安装图纸、暖通图纸等，同时还可以用三维建模工具生成空间场景，在 BIM 中演示装置和工作方式，不断深化和优化设计方案。

（4）施工阶段应用价值。在施工准备阶段，BIM 技术应用价值主要体现在既有建筑的拆除方案模拟、市政管线规划及管线搬迁方案模拟、施工深化设计辅助及管线综合、施工场地规划、施工方案模拟、比选及优化、预制构件深化

设计等方面。在施工阶段,BIM 技术应用价值主要体现在基于 BIM 技术的
4D 施工模拟及进度管理辅助、工程量计量及 5D 造价控制辅助、设备管理辅
助、材料管理辅助、设计变更跟踪管理、质量管理跟踪、安全管理跟踪、竣工
BIM 构建和开办准备管理等方面。随着现代医疗卫生工程项目的复杂程度增
加,单纯依靠传统的施工技术已无法适应精益施工管理。BIM 技术作为一项
可集成共享的信息技术,集成整合了大量的工程相关信息,可以促进管理者控
制施工进度、节省投资费用、提高工程质量、保证施工安全和减少决策失误风
险,为项目各参与方提供实时、精准的数据支撑,使沟通更为便捷、协作更为紧
密,弥补了传统项目管理方式获取数据的不精确性以及不及时性的弊端。

（5）运维阶段应用价值。相对建设阶段而言,医院的运维期更长,遇到的
不确定因素也更多。医院建筑由于功能特殊,医疗设备、病房空调、锅炉等产
生大量能耗,建筑运维成本较普通建筑高。同时,医院后勤设备如供电设备、
供氧供气设备、洗涤设备和净化空气设备等是保证医院各项医疗工作正常安
全运行的支持系统,手术室、医学实验室等重点建筑空间的设备设施管理要求
"零故障"。BIM 技术在医院建筑运维阶段应用的目的是提高管理效率、保证
安全运营、提升服务品质及降低管理成本,为设施的保值增值提供可持续的解
决方案。医院建筑运维阶段 BIM 应用是基于设施运营的核心需求,充分利用竣
工交付模型,搭建基于 BIM 的智能运维管理平台并付诸具体实施。尤其是,通
过应用基于 BIM 的运维系统,实现医院医疗、科研、后勤等相关工作的提质增
效,提高医院运营管理水平,为智慧医院建设奠定良好的数字底板基础。

1.3　数字孪生、智慧医院与 BIM 应用

在医院建设工程全生命期管理中,和 BIM 应用紧密关联的两个重要概念
包括数字孪生医院和智慧医院。

早期提出的"镜像空间模型"（Mirrored Spaces Model）被认为是数字孪生
（Digital Twin）的雏形,该模型中包含有真实空间、虚拟空间以及连接机制
3 个元素,而后在 2010 年由美国国家航空航天局首次正式使用数字孪生概念。
国际标准化组织将数字孪生定义为:

　　"是具有数据连接的特定物理实体或过程的数字化表达,该数据连接可以
保证物理状态和虚拟状态之间的同速率收敛,并提供物理实体或流程过程的

整个生命期的集成视图,有助于优化整体性能。"

当然,数字孪生还有其他不同的理解和定义。

数字孪生的主要特点包括:能够集成并真实映射物理对象的各类数据;在物理对象的全生命期中,与其共同变化,并能记录变化过程中的相关信息和知识;能够在描述、刻画物理对象的基础上,对其进行合理优化。

3D 建模、物联网、虚拟现实、云计算和大数据等是实现数字孪生的技术基础。在医疗卫生领域,数字孪生在精准医疗与医疗决策支持、临床试验设计以及医院运营优化等方面得到了应用。例如通用和西门子已经在数字孪生医院方面开发了相应解决方案,以应对病人需求日益增长、医疗复杂性增加、基础设施老化、空间缺乏、等待时间延长以及医疗技术快速发展等的挑战。

另一个重要概念是智慧医院。对智慧医院的理解同样也不统一。例如:我国国家卫健委界定了智慧医院的范围,即面向医务人员的电子病历、面向患者的智慧服务和面向管理者的智慧管理;欧盟在《智慧医院》报告中指出,智慧医院是基于流程优化、自动化而建立的资产互联互通的信息和通信技术(Information and Communication Technologies,ICT)环境,尤其是基于物联网技术(Internet of Things,IoT),以改善现有患者的医疗流程,并引入新的功能,主要包括远程护理系统、网络医疗设备、识别系统、网络设备、移动客户端设备、互联临床信息系统、数据、建筑和设施八个方面。麦肯锡的报告则认为,智慧医院的内涵应包括以下五大要素:跨机构互联互通、自动化高效运营、全流程重塑体验、大数据驱动决策和持续创新机制。

可见,智慧医院是一个非常宽泛和开放的概念,是建立在物联网、大数据、人工智能和移动通信等新兴技术上,通过跨机构互联互通、流程重塑和医患体验提升、决策机制变革等,来实现智慧服务、智慧医疗和智慧管理。由于医院功能、诊疗技术、服务模式以及信息技术的不断变化与发展,智慧医院是一个不断进阶和演化的概念。

从上面的分析可以看出,BIM、数字孪生、智慧医院存在一定的关系,包括:

(1)BIM 是支撑数字孪生的模型技术和可视化技术,通过 BIM 既可以构建设施的数字化 3D 模型,精确表达设施的物理特征和性能,也可以可视化反映物理设施的实时运行状态,例如定位和运行异常报警等。

(2)BIM 对于实现智慧医院的运营管理具有支撑作用,例如建筑与设施的数字化底座构建、医院后勤的智慧可视化管理、医院空间管理、院内导航等与建筑、设施、空间及位置等关联的智慧服务、智慧医疗和智慧管理。

（3）数字孪生与智慧医院既有紧密联系，又有显著不同。狭义地看，数字孪生是智慧医院的关键支撑技术，例如对建筑设备设施的智慧监控、预测、预警与分析等；广义地看，数字孪生和智慧医院几乎是不同视角的同义语，例如医院组织级数字孪生，既包括物理设施等有形对象，也包括流程、服务、人力资源等无形对象，并支持场景推演、预测预警与智能决策等，几乎涉及智慧医院的所有范围。

1.4 BIM、HIM 与 CIM

医院即服务（Hospital as a Service，HaaS），医院建设的最终目的是提高运营效能和创造更高的医疗服务价值。这样一来，建医院就不是简单地建房子，而是需要将医院建筑与医疗工艺、医疗装备以及医患行为等进行充分结合，从而形成一个高效的复杂运营系统。显然，从这个角度出发，传统的 BIM 应用无法满足医院建设的系统化和服务化要求，需要进行拓展，即将 BIM 的建模对象从建筑学科领域拓展到基于医院建筑的多学科领域，也就是从 BIM 到 HIM（Hospital Information Modelling）。

HIM 可以定义为：

"医院在空间、设备、医疗流程和用户行为方面的物理、行为和功能特征的数字表示，包括这种数字表示的开发、利用和交付，其目的是以高质量、高效、有弹性、智能以及环境可持续发展的方式提供医疗服务。"

作为 BIM 的拓展，HIM 可以从以下 3 个方面进行理解。

（1）模型是医院中物理实体的总体表示。医院中独特的物理实体之一是医疗设备和系统，特别是大型和关键的医疗设备，对医院建筑的结构、能源供应和布局设计提出了更高的要求。在 HIM 中，除了建筑和建筑设备之外，医疗设备和系统也被纳入模型中，从而进一步将 B（Building）拓展为 H（Hospital）。图 1-1 为在模型维度，从 BIM 到 HIM 的一个手术室模型示意。

（2）与 BIM 类似，HIM 也可以将建设和运营阶段的流程数字化，将医院信息模型以三维的形式可视化，再整合医疗工艺流程、医疗设备运维数据等进行进一步分析。除了这些常见的建模理念外，HIM 更关注医疗需求和医院运营的优化，因此和医疗资源与医疗工艺的整合成为内在需求。

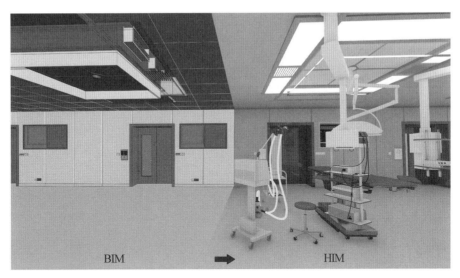

图 1-1 从 BIM 到 HIM:手术室模型示意

（3）管理应用是 HIM 的落脚点和重要场景。BIM 更多关注的是建筑设施本身的问题。然而，医院建筑不是简单的物理实体，它是一个以病人为中心、以服务为导向的综合系统。因此，HIM 的目标与医院的核心业务，即与医疗服务和医院运营管理更相关。

这样一来，HIM 包括了医疗空间系统、医疗工艺流程系统、医院行为系统和资源系统四大子系统，这些子系统之间相互关联和耦合，从而构成了医院运营与服务复杂系统。而如何刻画这一系统的运行规律并进行优化就成了实践中的重要挑战，HIM 显然是其中的重要支撑技术。HIM 体现的是一种模型工程思维，利用比 BIM 更大范围的建模对象集成，以更全面地反映医院系统的完整性，从而能基于这一模型完成更多的面向最终运营和用户需求的仿真、优化和决策支持。图 1-2 反映了 HIM 的系统构成以及各系统之间的复杂关系。

由此可见，BIM 与 HIM 既有关联又有区别。在关联方面，BIM 是 HIM 的重要基础和构成，BIM 在建筑设备设施以及空间的数字化表达上具有显著优势，也是 HIM 的可视化数字底座，将各要素与 BIM 进行关联，实现了基于空间和位置的各种计算、仿真和优化。在区别方面，HIM 的范围更广，包括建筑及设备设施以外的其他多种要素，既有医疗设备、医患以及其他资源等有形要素，也有医疗工艺和医疗行为等无形要素，是更接近真实世界的医院系统模型。只有将 BIM 拓展为 HIM，才能真正发挥 BIM 在医院建设中的作用。

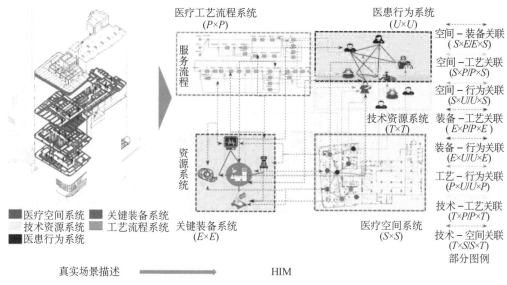

医疗工艺流程系统
(P×P)

医患行为系统
(U×U)

服务流程

技术资源系统
(T×T)

资源系统

关键装备系统
(E×E)

医疗空间系统
(S×S)

医疗空间系统 关键装备系统
技术资源系统 工艺流程系统
医患行为系统

空间－装备关联
(S×E/E×S)

空间－工艺关联
(S×P/P×S)

空间－行为关联
(S×U/U×S)

装备－工艺关联
(E×P/P×E)

装备－行为关联
(E×U/U×E)

工艺－行为关联
(P×U/U×P)

技术－工艺关联
(T×P/P×T)

技术－空间关联
(T×S/S×T)

部分图例

真实场景描述 ⟹ HIM

图 1-2　HIM 中的系统构成与关联

另一个更大的概念是城市信息模型（City Information Modelling，CIM），即"以建筑信息模型（BIM）、地理信息系统（GIS）、物联网（IoT）等技术为基础，整合城市地上地下、室内室外、历史现状未来多维多尺度信息模型数据和城市感知数据，构建起三维数字空间的城市信息有机综合体"。从这一定义可以清晰看出：一方面，BIM 是 CIM 的技术基础和模型基础，决定了 CIM 的范围和精细度；另一方面，将 BIM 与其他技术和数据进行紧密融合，可以发挥 BIM 的更大价值，支持面向城市级宏观尺度的智慧管理和智慧服务。同时也可以看出，HIM 是 CIM 的一个场景应用，也就是中观尺度的 BIM 应用。这样一来，BIM、HIM 和 CIM 就形成了从微观到中观再到宏观的连续系统，自下而上支撑着 HIM 和 CIM 的构建和应用。

应用总揽

2

2.1 应用模式

根据医院建设工程的项目特征、应用需求、应用阶段、应用深度和资金投入等不同,BIM 应用具有不同的模式,需要根据实际情况选择,不能一刀切。按照 BIM 在全生命期不同阶段的应用,可分为以下四种模式。

(1)模式一:阶段式应用。即在规划、设计、施工和运维的某个或若干个阶段中,针对特定目的而开展的 BIM 应用,通常根据工程管理难点和重点而实施 BIM 应用,以解决项目中的某些特定难题,例如设计方案中关键问题的论证和可视化决策支持、复杂医疗空间和工艺方案论证、重点区域管线综合和优化、手术室深化设计和优化、大型医用设备运输及安装、"平疫转换"改造专项施工方案论证等。

(2)模式二:建设全过程应用。即从前期规划到施工竣工验收及开办启用阶段全过程应用(或实施阶段全过程应用),这一模式主要为项目投资、进度、质量、安全、环保等目标控制和项目增值提供辅助及支撑,既涉及 BIM 建模及基于模型的各种分析,还涉及基于 BIM 的项目前期开发管理、全方位项目管理和运营筹备管理工作。

(3)模式三:运维阶段应用。即在运维阶段结合后勤管理、改造更新等工作开展 BIM 应用,通常为解决运营或设施管理中的关键问题,例如既有建筑逆向建模与分析、基于 BIM 的后勤智能化平台构建、改造方案可视化分析、空间管理、能耗与"双碳"优化等,以及向 HIM、CIM 融合的智慧医院与智慧城市的拓展应用。

(4)模式四:全生命期应用。即涉及全生命期的规划、设计、施工和运维4 个阶段的应用。这一模式主要是为前期阶段规划及开发管理、实施阶段的设计与施工项目管理和使用阶段的后勤管理[一般意义上称为设施管理(FM)]提供系统性、整体性的服务,以充分发挥 BIM 的数据、信息和知识价值,为建筑、设备和设施的全生命期管理提供增值支撑,并进一步对接后勤智能化管理平台、医疗信息系统(Hospital Information System,HIS)或智慧医院运营系统等。这种模式可进一步扩展到全院的新建、扩建、大修改造以及既有建筑中的应用,逐步由 BIM 向 HIM、CIM 融合,促进医院建设运维服务于医疗体系以及城市系统智慧化发展。

四种模式的比较见表 2-1。

表 2-1　四种模式的比较分析

应用模式	应用阶段	应用重点	应用价值
模式一：阶段式应用	规划、设计、施工和运维的某个或若干个阶段	特定目的或某些关键问题	单一价值或阶段特定价值
模式二：建设全过程应用	从前期规划到施工竣工验收及开办启用阶段全过程应用（或实施阶段全过程应用）	基于 BIM 的项目管理（高质量实现项目投资、进度、质量和安全等目标）	项目目标控制和建设阶段增值
模式三：运维阶段应用	运维阶段应用	基于 BIM 的后勤管理及改造更新，并向 HIM、CIM 融合拓展	项目运维和设施管理增值
模式四：全生命期应用	包括全生命期的规划、设计、施工和运维 4 个阶段	基于 BIM 的前期阶段规划及开发管理、实施阶段的设计与施工项目管理和使用阶段的后勤管理（或设施管理）	为全生命期服务，价值要求也最高

2.2　组织方式

随着 BIM 应用日趋广泛，设计院、承包商以及工程咨询公司都开始在企业内部或者项目上开展 BIM 应用，以提高自身服务水平和服务效率，降低服务成本，并进一步提升企业竞争力。但由于 BIM 应用出发点不同，本指南并不涉及参建单位内部的 BIM 应用组织，而主要从医院（或建设单位）角度出发，针对特定的项目而提出不同组织方式。

业主方（包括医院或建设单位、代建单位）是 BIM 应用成功的关键因素，因此，BIM 应用建议采用业主方驱动的应用组织方式，即由业主方提出应用需求、策划应用方案、管理应用过程等，承担总体组织、协调与集成角色。实践证明，这种方式能充分释放 BIM 技术优势，充分发挥这项技术对医院建设工程全生命期管理的增值作用。在这一过程中，业主方如自身无法承担这些角色或能力不足，可聘请专业的全过程 BIM 咨询单位协助策划和管理。但这并不意味着 BIM 由业主方或 BIM 咨询承担所有的 BIM 应用工作。不管采用何种模式，各参与方都需要充分参与 BIM 应用，通过协同工作和不断创新，以充分发挥 BIM 在全生命期中的潜在价值。

对于大型复杂医疗卫生工程,可成立 BIM 应用领导小组和专门工作小组推动 BIM 的应用,必要时甚至可成立专门的研发小组。整个工程项目应明确 BIM 总负责人或具体负责人,参建各方应成立专门的项目 BIM 应用团队,并明确负责人和联络人。项目需要明确 BIM 应用的工作机制,例如 BIM 例会和日常沟通机制等。

在医院建设工程实践工作中,由于不同项目实际需求差异大,应用条件和应用模式也不同,因此产生了不同的 BIM 应用组织方式。结合以上四类应用模式,BIM 应用包括如下常见的组织方式。

(1)组织方式一:平行应用,即由参建单位分别开展 BIM 应用,主要是设计院、施工单位或者专项分包单位、造价咨询单位等分别在设计阶段和施工阶段开展 BIM 应用工作。这种组织方式比较灵活,业主方投入资金少,但缺点是应用点之间缺乏系统性和整体考虑,模型信息的传承性较差,较难充分发挥BIM 价值,主要适用于应用模式一(阶段式应用)。

(2)组织方式二:第三方管理咨询,即由业主方精心挑选 BIM 专业咨询公司,协助业主负责 BIM 的总体应用和全过程管理工作,各参建单位根据需要和要求参与 BIM 应用工作,形成所有参建单位共同构建的 BIM 应用"生态圈",该组织方式主要适用于应用模式二(建设全过程应用)和模式四(全生命期应用)。

(3)组织方式三:医院(或建设单位)自行应用及管理,即专业力量强大的医院(或建设单位)自行开展 BIM 应用工作,或部分混合以上两种组织方式。该组织方式主要适用于模式一(阶段式应用)和模式三(运维阶段应用)。

不同组织方式的优缺点及适用范围详见表 2-2。

表 2-2　各种 BIM 应用组织方式的优缺点和适用范围

组织方式	优点	缺点	适用范围
平行应用	应用点明确,灵活机动,责任明确,管理简单,落实效率高	应用点单一,综合应用价值低;应用点多时管理复杂,缺乏全局性和系统性	实现特定目的,应用点较少,项目规模小,复杂程度低
第三方管理咨询	形成 BIM 应用协同"生态圈",具有统一的组织,全局性、系统性和专业性强	需要精心选择 BIM 专业咨询单位	全过程、全方位 BIM 应用,工程规模大,项目复杂
医院(或建设单位)自行应用及管理	有利于培养自身专业化团队及应用推进,有利于运维期 BIM 应用,节省 BIM 应用咨询费用	专业性不足,BIM 管理团队调整不灵活	建设单位 BIM 专业力量强大,或项目规模较小、复杂性较低、应用点较少

2.3 能力要求

2.3.1 建设单位(或代建单位)能力要求

采用全过程 BIM 或全生命期应用,会给建设单位或代建单位提出较强的 BIM 应用管理能力要求,主要包括:对 BIM 应用具有正确的认识和先进的理念;BIM 应用的策划、组织和控制能力;对 BIM 咨询单位、设计及施工单位等关键参与单位的选择能力;医院内部医技人员、管理和决策人员的组织和协调能力;BIM 应用需求提出,成果检查和验收能力;BIM 创新应用的策划和组织实施能力;能建立一个具有 BIM 技术能力的团队,构建良好的 BIM 应用"生态圈",以支持医院项目全生命期应用、模型维护及调整。

2.3.2 BIM 应用咨询单位能力要求

若采用全过程、全方位的 BIM 应用咨询,BIM 咨询单位应拥有具备丰富的 BIM 技术及项目管理经验的专业团队,能针对医院建设工程项目的特点和要求制订 BIM 实施细则并贯彻实施。建议具备以下具体能力:BIM 建模、分析与应用策划和协调管理能力;工程咨询能力,包括专业技术能力、目标控制能力、组织协调能力,以及对医院领域的专业化服务能力,辅助医疗工艺流程设计、分析与优化等;基于 BIM 的信息化开发和应用能力,针对应用过程中一些软件问题和数据处理问题,能进行二次开发或者具有自主软件支撑;科研能力,为项目的创新应用提供课题研究和研发支持。这些能力要求依据合同约定的服务内容可有所侧重。若采用项目管理或者全过程咨询模式,且包含 BIM 服务内容,则项目管理或者全过程咨询单位也应具备本部分所描述的相应能力。

2.3.3 设计单位能力要求

设计单位的 BIM 服务内容决定了其 BIM 能力要求,一般而言,设计单位应组建经验丰富的 BIM 设计团队,在医院工程项目设计过程中实现全专业、全流程的基于 BIM 的工程设计或 BIM 应用配合,提高设计质量和效率,建议具备以下能力:BIM 建模和更新能力、基于 BIM 的专项分析能力、BIM 拓展应用能力、具有相应的医院领域设计服务经验等。若设计单位将 BIM 工作分包给外部单位,需要考察设计单位的 BIM 管理能力及对外部合作单位的管控能力。未来将逐步要求设计单位具有正向设计的能力。

2.3.4 施工总承包单位

施工总承包单位的 BIM 合同条款决定了其能力要求,一般而言,施工总承包单位应拥有丰富的 BIM 应用及管理经验,配置专业的 BIM 技术团队,施工管理人员需要对 BIM 技术的应用特点有深刻的了解,能利用 BIM 技术进行组织控制管理。建议具备以下具体能力:BIM 建模和深化能力,包括建筑、结构和机电等所有相关专业;基于 BIM 的施工应用能力,例如施工工艺模拟、BIM-4D 应用、优质工程 BIM 精益管理及工程量和造价计算等;BIM 综合管控平台应用能力;与 CIM 技术、智慧工地融合应用能力;对分包单位 BIM 应用管控和协调能力。

2.3.5 各专业分包单位或设备供应商

分包单位或设备供应商的 BIM 合同条款决定了其能力要求,一般而言,建议具备以下能力:对本专业 BIM 深化、更新、维护的能力;基于 BIM 的专项深化应用能力,利用 BIM 指导现场施工及配合总承包单位完成相关 BIM 技术应用,例如玻璃幕墙安装、精装修和智能化系统、医疗专项系统及手术室建设等;具有相应 BIM 应用经验和专业的 BIM 工作团队等。尤其对于医院常用重要设备(CT 机、直线加速器等),可要求设备供应商提供产品的 CAD 图纸和 BIM 文件,以用于指导和模拟房间空间及施工深化设计。

2.3.6 施工监理、造价咨询、招标代理等咨询单位

施工监理、造价咨询(或跟踪审计、财务监理)和招标代理等工程咨询单位建议具有基本的 BIM 应用能力,一般而言,结合服务约定的合同职责,建议具备以下具体能力:基于 BIM 的质量管理、安全管理、造价计算、分析及管理能力,应用 BIM 管控平台辅助本专业工作提质增效的能力等。

2.3.7 运维服务单位

运维服务单位(后勤管理、车辆管理、安保管理和能源管理等)应具有医院项目运维阶段 BIM 技术的基本应用能力,一般而言,结合服务约定的合同职责,建议具备以下具体能力:BIM 查看、添加信息、模型局部更新等基本操作能力,基于 BIM 技术运维平台的基本操作能力,医院 BIM 平台与智慧医院和 CIM 平台融合对接的基本操作能力等。

在医院建设工程全生命期,不同的 BIM 应用模式、组织方式下对各方的能力要求也不同,各项目的建设单位可根据实际情况和项目需求,在招投标

和合同条件中进行相关调整,遵循项目利益最大化的原则进行约定,重视各单位应用能力的适用性,例如要求参建单位及项目团队人员具备同类项目的 BIM 应用经验、医疗工艺流程辅助分析与优化能力、丰富的医院设备设施 BIM 族库以及必要的专业证书、由 BIM 向 HIM、CIM 融合应用的能力等。

<h2>2.4 工作职责</h2>

建设单位(或代建单位)为 BIM 应用的总策划、总组织、总集成和总协调单位。在项目各个阶段对 BIM 的实施进行统筹、协调、管理,具体职责有:负责决定 BIM 的应用模式,进行 BIM 项目应用的顶层设计;负责组织建立 BIM 领导小组,统筹安排项目全过程 BIM 应用工作;提出 BIM 应用需求,进行成果确认及关键问题决策;组织 BIM 咨询单位、设计单位、施工单位、施工监理、造价咨询、招标代理和运维服务单位等各参与单位共同推进 BIM 应用工作。

若引进 BIM 咨询单位作为 BIM 应用的具体实施总负责和总实施单位,则 BIM 咨询单位按照建设单位要求,承担的具体职责包括:负责策划和编制项目 BIM 应用大纲方案和实施方案;主持 BIM 例会,具体组织和协调各方 BIM 应用;编制各主要参建单位的 BIM 应用招标文件和合同条款;充分挖掘 BIM 技术在工程中的应用价值,保证工程质量、安全、进度及效益的提高;检查各方 BIM 成果,提供基于 BIM 的项目管理服务;选择 BIM 协同平台并落实应用;组织 BIM 培训;开展科研和创新研究,探索 BIM 技术融合智慧医院乃至智慧城市的应用;提供满足运维需求的 BIM 以及合同约定的其他 BIM 服务。若医院项目未引进 BIM 咨询单位,则上述具体职责应由建设单位(或代建单位)承担。

设计单位的 BIM 职责依据合同约定而定。通常情况下主要负责设计阶段的 BIM 应用以及施工阶段的配合服务。设计单位成立项目 BIM 团队,参加 BIM 例会及配合建设单位各项 BIM 工作。根据合同约定,可能需要负责 BIM 的建模和修改,或者提供 BIM 应用支撑服务,例如图纸电子版提供,对移交的 BIM 进行双向确认、开展设计方案比选和方案优化、拓展 BIM 技术与智慧医院和智慧城市应用等。

施工总承包单位的 BIM 职责依据合同约定而定。承担的主要职责为：接受设计单位（或 BIM 咨询单位）提供的设计阶段 BIM；对自身合同范围内的设计阶段 BIM 进行必要的校核和调整，并负责施工阶段施工方的 BIM 应用；成立项目 BIM 应用团队，参加 BIM 例会及配合业主方各项 BIM 应用工作；负责基于 BIM 的施工应用以及协调各专项分包单位的 BIM 应用，例如施工组织和施工方案模拟、BIM-4D 进度控制、质量和安全控制、模型更新和深化、深化设计应用、竣工模型构建及 BIM 技术与智慧工地融合应用等。

施工监理单位的 BIM 职责依据合同约定而定。通常情况下主要负责施工阶段围绕监理工作的 BIM 应用，例如参加 BIM 例会及配合建设单位或 BIM 咨询单位的各项 BIM 工作，在现场管理、质量和安全管理、变更管理、工程量及签证管理等方面协助推进 BIM 应用，督促 BIM 技术与智慧工地融合应用，参与 BIM 验收等。

造价咨询单位（或称跟踪审计、财务监理等）的 BIM 职责依据合同约定而定。通常情况下主要负责造价控制方面的 BIM 应用，例如参加 BIM 例会及配合建设单位或 BIM 咨询单位的各项 BIM 工作，利用 BIM 技术辅助进行工程概算、预算及竣工结算工作，具体包括提供工程量统计，提高算量精度，掌握变更实际增加工程量，提高签证及决策效率，或对 BIM 咨询单位提交的与造价控制相关的成果进行验证核对，控制投资，配合业主方及 BIM 咨询单位进行 BIM-5D 造价应用。

各专业分包单位或设备供应商负责各自合同范围内的 BIM 应用，例如 BIM 的深化、调整和专项应用，指派专业 BIM 工程师或管理人员，负责 BIM 工作的沟通及协调，定期参加 BIM 例会，按照总承包要求的时间节点提交 BIM，向总承包提供必要的协助和支持。

一些项目可能引进医疗工艺顾问等专业咨询单位，这些单位也应在招标及合同中约定 BIM 服务内容或者工作配合要求。

运维服务单位（或 BIM 咨询单位）可以依据合约要求负责运维阶段的 BIM 技术应用工作。

需要说明的是，以上各单位职责会根据 BIM 应用模式和组织方式的不同而有所调整，应避免各单位 BIM 职责的重叠或缺位，例如 BIM 建模和模型的更新，可能 BIM 咨询单位、设计单位、施工单位、专业分包单位和医疗工艺顾问等都会参与，应在 BIM 实施方案和合同中予以明确。

2.5 应用大纲和实施方案

BIM 应用可能会影响到现有项目管理组织及流程,尤其引起诸多传统项目管理的工作前置,因此需要评估 BIM 应用和传统项目管理、医院内部的组织架构和管理流程的关系,必要时适当调整,并反映到应用大纲和实施方案中。

由于具体项目需求和应用环境的差异性,各医院(或建设单位)应根据自身情况和项目需求,参考本指南,通过试点项目,编写符合自身特点的应用大纲和实施方案,甚至具体的技术标准。

一般而言,BIM 应用大纲应包括但不限于以下内容:

(1)项目概况及重难点分析;

(2)BIM 应用目标及应用范围;

(3)BIM 应用组织及各参与方的职责分工;

(4)BIM 应用的工作流程;

(5)BIM 应用点及工作计划;

(6)BIM 应用各参与方的协同权限分配与协同机制;

(7)BIM 应用成果、深度和模板要求;

(8)BIM 应用平台及软硬件要求;

(9)BIM 成果移交、审核和确认;

(10)BIM 成功应用的保障措施;

(11)BIM 应用培训等。

实施方案是对应用大纲的细化,可包含具体的应用软件版本及数据格式的统一规定、各类模型要素和文档文件命名规则、各类表格、技术标准、编码规则、文档模板及具体项目分层分段实施的 BIM 应用的具体拓展应用场景等内容。

应用大纲和实施方案由医院或建设单位组织或委托 BIM 咨询单位编写。具体实施前,必要时开展相应培训及宣贯。

应用大纲和实施方案的内容和深度没有明确的规定,应依据医院具体工程项目及其管理要求而定。

2.6 具体应用点

BIM 在医院建设工程全生命期应用点如表 2-3 所示,但需要强调的是,这些应用点会随着技术发展和需求变化而不断拓展。

表 2-3 医院建设工程全生命期 BIM 应用点

序号	应用点
	规划阶段应用
1	场地分析和土方平衡分析
2	规划或方案模型构建与分析
3	建筑性能模拟分析
4	设计方案比选
5	虚拟仿真漫游
6	医院内部人流、车流和物流模拟
7	一级医疗工艺流程仿真及优化
8	规划智慧医院、CIM 技术融合应用
	设计阶段应用
9	初步设计阶段的建筑、结构及机电专业模型构建
10	建筑结构平面、立面、剖面检查
11	二级医疗工艺流程仿真及优化
12	面积明细表及统计分析
13	建筑设备选型分析
14	空间布局模拟与分析
15	重点区域净高分析(初步设计)
16	施工图设计阶段的建筑、结构、机电专业模型构建
17	冲突检测及三维管线综合
18	三级医疗工艺流程仿真及优化
19	竖向净空分析(施工图设计)

（续表）

序号	应用点
20	2D 施工图设计辅助
21	施工图设计阶段的造价控制与价值工程分析
22	特殊设施模拟分析
23	特殊场所模拟分析
24	智慧医院的技术融合应用
	施工阶段应用
25	既有建筑的拆除方案模拟
26	市政管线规划及管线搬迁方案模拟
27	施工深化设计辅助及管线综合
28	施工场地规划
29	施工方案模拟、比选及优化
30	预制构件深化设计及加工
31	发包与采购管理辅助
32	4D 施工模拟及进度管理辅助
33	工程量计量及 5D 造价控制辅助
34	设备管理辅助
35	材料管理辅助
36	设计变更跟踪管理
37	质量管理跟踪
38	安全管理跟踪
39	竣工 BIM 构建
40	开办准备辅助
41	CIM 技术与智慧工地融合应用
	运维阶段应用
42	运维应用方案策划
43	运维应用系统搭建或智慧后勤系统对接集成
44	运维模型构建或更新
45	空间使用动态分析及管理

（续表）

序号	应用点
46	设备运行监控
47	能耗分析及管理
48	设备、设施运维管理
49	建筑设备自动化控制系统（Building Automation System，BA）或其他系统的智能化集成
50	模型及文档管理
51	资产管理
52	安全与应急管理
53	基于 BIM 的运维系统典型场景应用
54	CIM 技术在智慧医院和智慧城市建设中的探索应用

規劃階段應用

在医院项目建设运维全生命期中,BIM 技术的应用遵循"越早越好"的规律,因此,从项目的前期策划、概念设计或规划阶段开始应用 BIM 是最佳的选择。该阶段从医院项目的需求出发,根据项目的建设条件,研究分析满足建筑功能和性能的总体方案,并对建筑的总体方案进行初步的评价、优化和确定。据此,应用 BIM 技术对项目的设计方案进行数字化仿真模拟表达以及对其可行性进行验证,对下一步深化工作进行推导和方案细化。应用 BIM 软件对建筑项目所处的场地环境进行必要的模拟分析,作为立项建设和方案设计的依据。进一步应用 BIM 软件建立三维建筑模型,输入场地环境相应的信息,进而对建筑物的物理环境(如日照、气候、风速、采光、通风和噪声等)、出入口、人车流动、结构及能耗等方面进行可视化、参数化模拟分析,辅助业主方领导班子决策,选择最优的工程建设方案和设计方案,且可将相关成果用于向主管部门报批报建。

3.1 场地分析和土方平衡分析

3.1.1 目的和价值

应用场地分析软件及测量设备构建场地模型,为场地规划设计和建筑设计提供精准的模拟分析数据,作为评估设计方案选项的依据。以模型和数据为基础,详细分析建筑场地的主要影响因素,提高建设方案和设计方案的科学性。

3.1.2 应用内容

(1)建立场地模型,进行场地分析。针对新医院新院区建设和老院区内建设,建筑场地主要影响因素的侧重点不同,相关分析主要从地形、出入口与周边环境 3 个方面进行:①考虑施工场地内的自然条件、建设条件以及公共元素;②根据场地的周边市政道路、场地现有和规划出入口情况,进行交通模拟分析;③考虑周边环境对场地内的影响,以及周边市政基础设施信息,并在此基础上考虑如何利用以及改造环境从而合理地处理建筑、场地及周边环境的关系。必要时需要借助无人机或其他方式获取场地现状资料,用于场地建模或者周边环境分析。

(2)重点解决医院建筑布局、地上地下空间利用方式、环境质量(日照、风速等)、无障碍设计和极端自然灾害影响等方面的问题。此外,医院的总体布局还要考虑医院的历史文化的传承,做到既保持医院的历史、文化、建筑特色,又能优化和提升医院的医疗流程和水平,可通过 BIM 渲染进行多方案比选。

(3) 开展土方平衡分析。收集地勘报告、工程水文资料、现有规划文件、建设地块、电子地图和 GIS 数据等信息,还可借助无人机三维扫描等方法获取地形点云数据,精确优化土方工程的实施方案。

3.1.3 应用流程

基于数据收集和 BIM 构建的场地分析应用流程如图 3-1 所示。

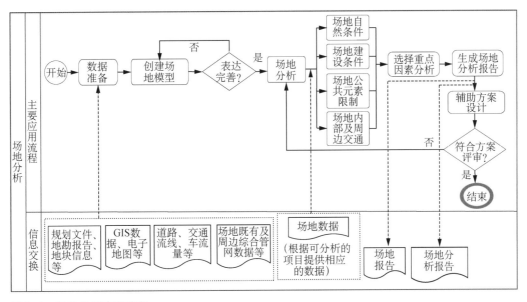

图 3-1 场地分析应用流程

3.1.4 应用范例

【范例 3-1】 某市中医医院新院区项目场地分析

该项目为新建院区项目(图 3-2),总建筑面积约 10 万 m²,地上建筑面积 8 万 m²,地下建筑面积 2 万 m²。该项目采用了放坡下沉地下室做法且保留边坡作为绿化景观,为了更好地把握场地条件,对场地进行了无人机三维扫描,获取了场地的点云数据。随后将点云数据处理后,导入 BIM 软件中形成真实地形(图 3-3),为后续的方案设计提供模型基础。并通过场地三维模型优化了室外总体中绿化、市政管线等相关专业排布,协助优化标高设置。

图 3-2　院区布置图

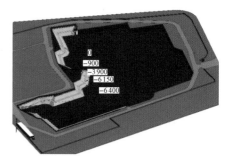

图 3-3　基于模型的场地标高分析

3.2　规划或方案模型构建

3.2.1　目的和价值

应用体块模型,进行仿真漫游,辅助比较分析,使得项目规划设计的理念逐步清晰,有利于促进规划设计方案落地,从而提高决策效率和决策质量。

3.2.2　应用内容

在规划阶段开发的 BIM 应随着项目的规划和设计进展不断深化和细化。

（1）构建项目的规划或方案体块模型,用于模拟仿真漫游,辅助多方案比较或优化。

（2）辅助总体规划,确保符合政府规划和规范要求。

（3）构建建筑与结构专业模型,用于方案比选与优化设计。

3.2.3　应用流程

规划或方案设计阶段的建筑、结构专业模型是基于设计院前期介入所提供的建筑结构二维设计图进行构建的,在构建过程当中需要从专业模型中提取平面、立面、剖面图进行审查并添加关联标注。建筑与结构专业模型构建流程详见图 3-4。

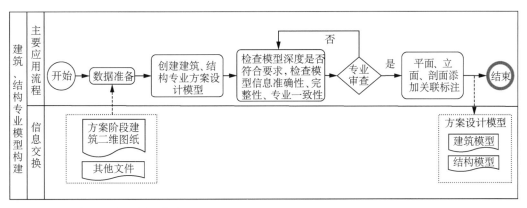

图 3-4 建筑与结构专业模型构建流程

3.2.4 应用范例

【范例 3-2】 某市第六人民医院骨科临床诊疗中心项目方案日照分析和方案比选

某市人民医院骨科临床诊疗中心项目,完成场地分析后发现,由于日照原因会影响邻近居民区,因此根据此场地条件限制,进行了三维日照体量分析(图 3-5),设计了多种不同的建筑方案,并对方案分别创建了 4 种方案设计BIM(图 3-6)。通过对建筑物理性能、医疗功能布局、医院文化理念等多方面的对比分析,选用方案三。以此方案模型进一步深化实施体块与既有建筑的关系、屋面退台方式等内容,形成方案三 A 和方案三 B(图 3-7),进一步对比分析,考虑保留现有后勤楼、保留现有太平间、增强建筑外观独特性和扩大入口广场尺度等因素,最终选用方案三 A 作为实施方案。

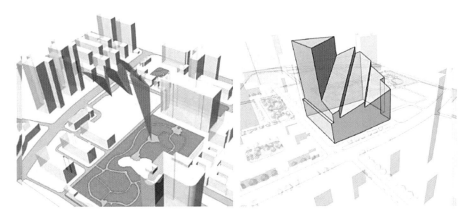

图 3-5 三维日照体量分析

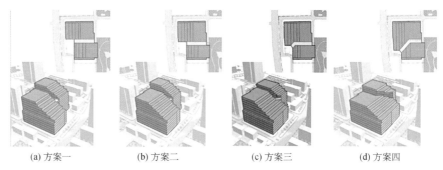

(a) 方案一   (b) 方案二   (c) 方案三   (d) 方案四

图 3-6   多方案设计 BIM 模型

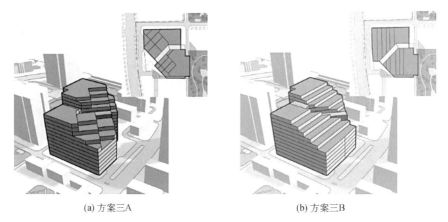

(a) 方案三A   (b) 方案三B

图 3-7   优选方案设计的进一步深化 BIM 模型

3.3 建筑性能模拟分析

3.3.1 目的和价值

应用各类专业的性能分析软件,将方案设计 BIM 导入或在软件环境中构建模型,对建筑物的日照、采光、通风、能耗、人员疏散、火灾烟气、声学和碳排放等进行模拟分析,从而优化设计方案,提高医疗卫生建筑的绿色、安全、舒适和合理性。

3.3.2 应用内容

(1)准确收集医院建筑所在场地的地理位置、气象数据、环境条件数据等资料,为建筑性能模拟分析奠定良好的基础。

(2)根据医院建筑的使用功能不同,有侧重点地对日照、采光、通风、能耗及声学等建筑物理性能进行模拟分析。依据分析结果,进行方案设计成果的优化,提高医院建筑的舒适性、安全性、合理性和节能环保性,从而达到建设"绿色医院建筑"、通过绿色建筑星级认证、争创"鲁班奖"和"国优奖"等高质量建设目的。

3.3.3 应用流程

(1)收集数据,并确保数据的准确性。

(2)根据前期数据、方案设计BIM以及分析软件要求,导入或建立各类分析所需的模型。

(3)分别获得单项分析数据,综合各项结果反复调整模型,进行评估,寻求医疗卫生建筑的综合性能平衡点。

(4)根据分析结果,调整设计方案,选择能够最大化提高建筑物性能的方案。最终形成模拟分析报告及设计方案定稿文本。

3.3.4 应用范例

【范例3-3】 某市公共卫生临床中心应急医学中心项目建筑性能模拟

该项目为新建院区,总建筑面积约15万 m^2,地上约10万 m^2,项目设置床位800张,由4栋单体组成,其中A#医疗综合楼地下2层,地上13层;B#多功能综合楼地下2层,地上4层;C#能源中心为变电所;D#液氧站为原有液氧站扩容并增设一间汇流排间。

该项目方案设计阶段,在BIM软件平台构建日照辐射BIM(图3-8),进行建筑日照模拟分析(图3-9),精确获得全年日照较多、日照较少区域信息(图3-10),从而为功能房间布局及遮阳措施设置提供依据。分析获得的主要结果(表3-1)为:建筑整体外形较为规则,整体日照情况正常,南侧房间全年照射明显,建议裙房及塔楼五层以上病房提高遮阳系数,或将来增加遮阳措施以避免太阳直射造成的室温提高;南侧塔楼四层以下日照量较少,需保持充足照明。

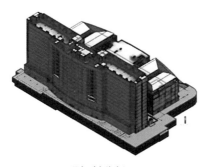 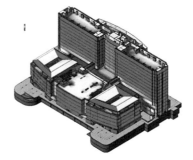

图3-8 日照辐射分析BIM 　　图3-9 日照辐射分析

 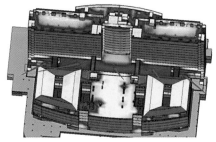

(a) 南侧全年日照较多 　　　　　　　　　　　(b) 光照较少区域

图 3-10　全年日照辐射分布情况

表 3-1　日照辐射分析结果

建筑区域	辐射均值/(Wh/m²)
南侧	2 475～495
西侧	1 485～495
北侧	1 485～495
东侧	低于 495

【范例 3-4】　某市胸科医院科研综合楼项目建筑性能分析

项目规划总建筑面积约 2.4 万 m²,地上建筑面积约 1.9 万 m²(地上十三层),地下建筑面积约 0.5 万 m²(地下三层)。为了提高医院建筑的舒适、绿色、环保和合理性,在方案设计阶段采用 Fluent,Ecotect,Radiance,Evalglare 等专业分析软件,对场地风环境、室内自然采光、室内自然通风等性能进行模拟分析,依据分析结果对方案设计成果进行调整和优化,从而确定最终的设计方案。

1) 场地风环境模拟分析

采用计算流体动力学(CFD)的分析方法,应用 Fluent 软件对胸科医院综合楼周边的风环境进行模拟分析(图 3-11)。获得模拟分析结果:①在冬季典型风速和风向条件下,综合楼周围人行区风速小于 5 m/s,且室外风速放大系数小于 2,满足舒适性要求;②在过渡季、夏季典型风速和风向条件下,综合楼 50%以上可开启外窗室内外表面的风压差大于 0.5 Pa,满足舒适性要求;③在过渡季、夏季典型风速和风向条件下,综合楼场地内人活动区出现涡旋区,应优化建筑立面设计。

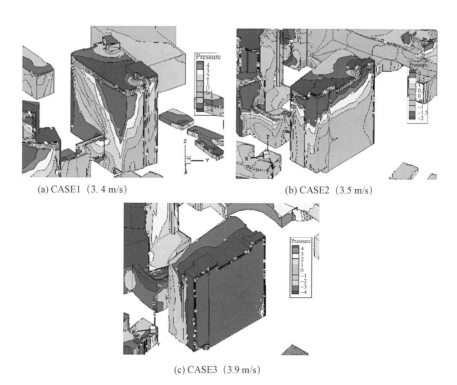

(a) CASE1 （3.4 m/s）　　　　　　　　　　(b) CASE2 （3.5 m/s）

(c) CASE3 （3.9 m/s）

图 3-11　建筑迎风面风压分布

2）室内自然采光模拟分析

室内自然采光质量及改善措施是《绿色建筑评价标准》（GB/T 50378—2019）的重要要求之一，该项目采用 Ecotect、Radiance、Evalglare 结合的分析方式对综合楼的室内光环境进行模拟。模拟分析结果表明：项目为民用建筑，取距地面 0.75 m 为参考平面进行分析计算，模拟分析获得室内亮度分布详见图 3-12。由于方案设计采用浅色饰面等有效的措施控制眩光，眩光值满足规范要求。但是内区采光系数满足采光要求的面积比例为 15.38%，尚需优化设计方案，将满足采光的面积比例提高至 60%，则可满足绿色建筑的要求。

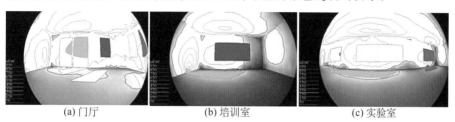

(a) 门厅　　　　　　　　(b) 培训室　　　　　　　　(c) 实验室

图 3-12　各类房间的亮度分布

3）室内自然通风模拟分析

采用 Ecotect 软件进行室内自然通风模拟分析，依据分析结果，可以优化建筑空间、平面布局和构造设计，改善自然通风效果。根据该项目室外风环境模拟结果，选取夏季、过渡季主导风向平均风速工况的模拟结果设置边界条件（图 3-13）。模拟分析获得以下主要结论：综合楼四周风口均匀分布，有利于室内自然通风；在夏季、过渡季主导风向平均风速边界条件下，综合楼室内主要功能空间换气次数大于 2 次/h 的面积约为 12 313.67 m^2，占室内主要功能空间面积的 90.42%。根据《绿色建筑评价标准》（GB/T 50378—2019），该项目自然通风达标面积比例处于 90%≤RA＜95% 范围，可得 12 分（最高分为 13 分），设计方案自然通风性能优良。

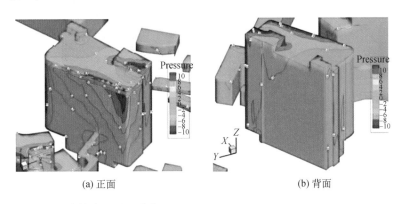

(a) 正面   (b) 背面

图 3-13　建筑表面风压分布

3.4　设计方案比选

3.4.1　目的和价值

对于医院建设项目建筑、结构、机电设备和医疗专项等实施方案，为选出最佳的设计方案作为初步设计阶段的基础模型，可以通过构建或局部调整方式，形成多个备选的设计方案模型，应用 BIM 技术的可视化、参数化特征，进行比选，辅助业主领导班子决策，提高项目设计方案的决策效率和决策质量。

3.4.2　应用内容

（1）医院建设项目设计方案的比选，基于 BIM 技术分析，主要考虑可行性、功能性、安全性、经济性及美观性等多个方面。

（2）初步完成设计场地的分析工作后，对任务书中的建筑面积、功能要求、建造模式和可行性等方面进行深入分析，构建不同设计方案BIM，研究建筑的高度、层数和整体形式、立面效果，与医院领导班子及医院建筑的使用部门沟通。

（3）利用三维渲染、虚拟仿真漫游、日照和空气流动分析等多种方法进行效果展示和分析，辅助方案比选、方案优化及方案决策。确定建筑设计的基本框架，包括平面基本布局、体量关系模型、造型、外观装饰及功能布置等相关内容。

（4）在"边施工边运营"的医院新建或改扩建项目中，尚需在设计方案中考虑施工方案的选择，基于BIM模拟分析，优先考虑施工对医院内部交通影响小、施工噪声低的方案。

（5）在建筑功能布局方案对比方面，需优先考虑医院各个科室部门的人流及使用情况后再对方案进行选择，基于BIM模拟分析，从而在最大程度上保证医护人员、患者和患者家属、管理人员及后勤服务人员的便利等。

3.4.3 应用流程

基于前期的设计模型，设计方案的比选应体现建筑基本构造、结构主体框架、设备及医疗专业系统的主要方案，依据每个设计方案资料分别构建BIM，对多个方案模型逐一进行比对后，整理每个方案的相关技术参数、优缺点等并编制报告，等待方案决定后，通过的方案模型将作为方案设计阶段的最终成果模型。主要应用流程详见图3-14。

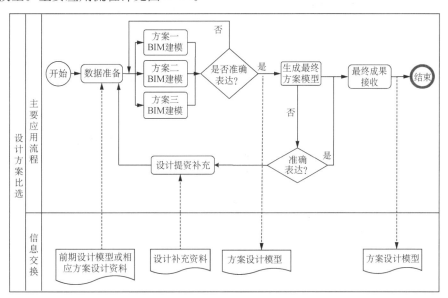

图3-14 设计方案比选应用流程

3.4.4 应用范例

【范例 3-5】 某市综合医院科教综合楼项目方案比选

某市综合医院科教综合楼项目,总建筑面积约 3.8 万 m^2,地上建筑面积约 2.8 万 m^2,地下建筑面积约 1 万 m^2(含人防),地上 18 层的科研综合楼及地下 2 层的设备用房和地下车库,规划机动车停车位 200 个(全地下),其中机械停车位 100 个,普通停车位 100 个。

建筑外立面设计方案风格(装饰效果)比选,设计师提出了 3 个方案效果图,BIM 咨询单位制作了 3 个方案的 BIM 模拟漫游视频(图 3-15),将科教综合楼置于整个医院院区既有建筑群内进行比较分析,并且经过医院官网(微信)投票,医院职工多数选择方案二的配色方案,最终业主选择了方案二进行项目实施。

 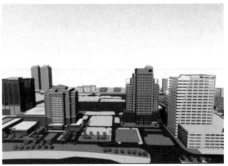

(a) 方案一 　　　　　　　　　　　　　　　(b) 方案二

(c) 方案三

图 3-15　建筑外立面设计方案风格的方案比选

【范例 3-6】 某市肺科医院肺部疾病临床诊疗中心项目方案比选

某市肺科医院肺部疾病临床诊疗中心和立体车库项目,总建筑面积约 4 万

m²(地下 2 层,地上 14 层);建筑内布置影像科、中心供应、血库、病理、检验、手术及病房等功能,设计床位数 294 张。院方在项目推进会中对 1F/2F 诊疗中心南侧出入院大厅方案进行讨论确定:诊疗中心 1F 功能用房有出入院办理用房、住院药房、静配库房及诊室,涉及病人出入院办理情况,同时涵盖部分诊疗功能;2F 功能用房有输血科、检验科及其他辅助房间,涉及诊疗中心病人的输血及检验功能。

在大厅入口设计方案的讨论过程中,应用 BIM 漫游动画,行之有效地模拟分析诊疗中心 1F/2F 医疗就诊服务环境及流线,并提供了无回廊、半回廊和全回廊 3 个设计方案的相关参数(表 3-2),依据 3 个设计方案的平面图建立 BIM 并导入 Lumion,形成 3 个设计方案的效果展示成果(图 3-16)。

表 3-2 肺部疾病临床诊疗中心 2F 回廊方案参数表

名称	方案一	方案二	方案三
长	16.5 m	16.5 m	16.5 m
宽	16.0 m	16.0 m	16.0 m
层高/天花高	5.4/4.1 m	5.4/4.1 m	5.4/4.1 m
回廊宽	无回廊	半回廊 2.0 m	全回廊 2.1~2.7 m

(a) 方案一:无回廊

(b) 方案二:半回廊(L形)

(c) 方案三:全回廊(口字形)

图 3-16 基于 BIM 的 3 个大厅入口设计方案

综合对比了3个设计方案的可行性、实用性、医疗工艺和美观性等影响因素,重点考虑了3个方案对医疗工艺无本质影响,大厅柱距之大,若设半回廊或全回廊即会设置过大的框架梁,对大厅的视线产生遮挡,影响大厅玻璃幕墙的通透性效果,据此,最终对比选用方案一作为实施方案。

【范例3-7】 某市胸科医院科研综合楼项目功能方案比选

某市胸科医院科研综合楼的楼层功能主要包含教学、办公和医疗研究,因此,楼层的功能布置首先确定教学用房间、办公用房间有和医疗科研用房间所在楼层,然后考虑其他相关影响因素。在考虑楼层功能分布时除需考虑各种房间的规划面积外,还需基于各个房间、科室工作时的关联程度进行规划,优化功能布局,从而在最大程度上保证科教综合楼内工作者和患者的便利。基于BIM的楼层功能布置,以二层楼的功能布置为例,阐述多方案比选的相关内容。

1)功能布局方案一

如图3-17和图3-18所示,方案一北侧两个教室所占面积分别为98.98 m^2 和201.06 m^2,最大程度上利用了楼层面积,但是其中较大的教室中会存在一根立柱,在家具布置上座位排布需避开立柱干涉的区域,或考虑放置诸如橱柜一类的储物家具。

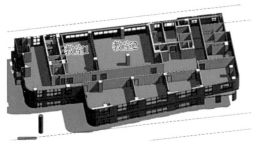 

图3-17 二层功能布局方案一　　　　　图3-18 二层功能布局方案一走廊视角

2)功能布局方案二

如图3-19和图3-20所示,方案二考虑到立柱因素,将教室的南侧墙壁沿柱砌筑,该方案的两个教室面积分别为69.58 m^2 和143.08 m^2,相比方案一减少了约30%的面积,但同时拓宽了走廊面积,使走廊成为一个可放置桌椅、建立休息区的公共区域。

3)功能布局多方案比选结论

基于BIM的可视化效果,经过两种不同方案的比对最终考虑选取方案二

（减少教室面积拓宽走廊）。由于教室的功能主要用于教学用途，满足一定的座位要求即可，无需预留过多的空间用于摆放橱柜之类的家具。方案二中拓宽的走廊可建立休息区，如有需求，储物用家具也可在该区域内放置。

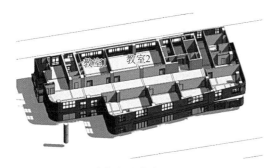

图 3-19　二层功能布局方案二

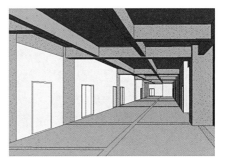

图 3-20　二层功能布局方案二走廊视角

3.5　虚拟仿真漫游

3.5.1　目的和价值

虚拟仿真漫游作为 BIM 技术最突出的特性——可视化，是可以广泛应用于规划阶段、设计阶段、施工阶段和运维阶段的 BIM 应用点。利用 BIM 技术的可视化特征，有助于相关人员在进行方案预览和比选、医疗工艺流程的虚拟体验、方案评审和决策等诸多方面起到良好的辅助作用，有利于促进医院项目的规划、设计、招投标、报批及项目实施与运营管理。

3.5.2　应用内容

（1）应用 BIM 软件模拟医院建筑的三维空间关系和场景，通过漫游、动画和虚拟现实（Virtual Reality，VR）等形式提供身临其境的视觉、空间感受，并且可辅助判断医疗工艺流程的合理性，辅助医院领导班子、医院建筑的使用部门与设计师等相关人员在规划及方案设计阶段预览和比选。

（2）通过模拟仿真漫游，清晰表达建筑物的设计效果，并反映主要空间布置、复杂区域的空间构造、关键医疗设备设施的布局等。使得医院建设相关人员提前发现不易察觉的设计缺陷或问题，尤其是提前发现常规建筑专业与医疗专项各系统专业之间的冲突问题，减少由于事先规划不周全，甚至有颠覆性错误而造成的拆改损失和资源浪费。

3.5.3　应用流程

(1)收集数据,并确保数据的准确性,包括应用无人机航拍技术,构建整个医院院区的现场布置 BIM,形成拟建项目的环境背景。

(2)根据建筑项目实际场景情况,赋予模型构件相应的材质。将建筑信息模型导入具有虚拟漫游、动画制作功能的软件。

(3)设定视点和漫游路径,该漫游路径应当能反映建筑物整体布局、主要空间布置以及重要场所设置,以呈现设计表达意图。对于研究医院内部空间设计方案时,也需设置主要的医疗工艺流程路径作为漫游路径,辅助漫游模拟分析。

(4)将软件中的漫游文件输出为通用格式的视频文件,并保存原始制作文件,以备后期的调整与修改。获得的漫游文件中应包含全专业模型、动画视点和漫游路径等。动画视频文件应当能清晰表达建筑物的设计效果、关键功能区域信息、复杂区域的空间构造和设备设施布局信息等。

3.5.4　应用范例

【范例 3-8】　某市公共卫生临床中心应急医学中心项目规划方案模拟漫游

某市公共卫生临床中心应急医学中心,方案规划阶段 BIM 漫游模拟的重点应用是,对周边主干道上仿真漫游的远观效果进行模拟,包括白天及夜景的模拟分析。具体应用操作内容包括:①根据总图按照 1∶1 的比例构建场地和高速路,高速路高程由于缺少相关资料而按照百度地图全景放置(地面高速);②选取主干道上不同的位置作为观测点(图 3-21);③根据选取的观测点模拟

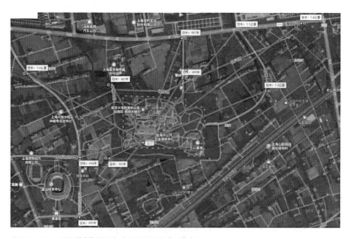

图 3-21　漫游模拟的主要观测点选择

远观 A 楼的效果(图 3-22);④依据漫游模拟效果进行研讨分析,优化建筑立面的方案设计、周边景观的配套设计。

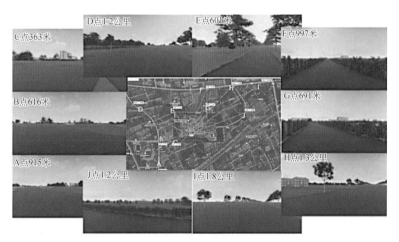

图 3-22　各观测点的漫游模拟远景效果

【范例 3-9】　某市口腔医院新院区项目方案和交通模拟漫游

　　某市口腔医院新院区项目,总建筑面积约 4.6 万 m^2,地上 12 层,地下局部 2 层。项目涵盖门急诊、医技、住院、科研、教学、预防、行政、后勤及地下车库等功能和区域。设计床位 83 张、牙椅 380 台,投用后将成为某市单体体量最大的口腔医疗中心。

　　在方案设计阶段进行多次虚拟仿真漫游分析,主要是通过对外立面的漫游分析(图 3-23),不断优化建筑立面的造型和幕墙实施方案。通过对新院区周边道路及院区内的车流交通漫游分析(图 3-24),优化院区交通流线的管理措施,使得院区内的车流能与建筑地下室出入口形成良好的对接。

图 3-23　建筑外立面的漫游分析

图 3-24　院区内外的车流交通漫游分析

【范例 3-10】　某市肺科医院肺部疾病临床诊疗中心项目内部模拟漫游

　　某市肺科医院肺部疾病诊疗中心项目方案设计阶段 VR 漫游体验,主要是应用 BIM 技术辅助医护人员提前体验在虚拟建筑中的各种活动,例如从护士站到病房,从病房到手术室等各种活动路径(图 3-25),对周边空间的体验。依据体验,可以对设计方案提出优化设计的建议和意见。另外,该项目创新开发设计通仓交融手术室,由于存在全新的医疗工艺流程设计,因此通过 BIM 虚拟仿真漫游(图 3-26),在设计阶段提前模拟手术室运营阶段的医疗工艺流程,4 台手术同时进行的各种工作情况,从而优化空间布置和设备设施布置。

图 3-25　医院功能区之间的活动路径漫游模拟分析

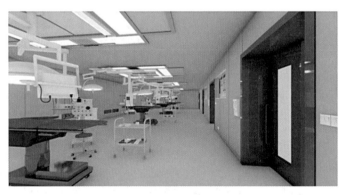

图 3-26　通仓交融手术室虚拟仿真漫游分析

3.6 医院内部人流、车流和物流模拟

3.6.1 目的和价值

为了保证医院院区内绿色、高效、安全运营,应用 BIM 技术的可模拟性,对医院内的人流、车流、物流进行模拟分析,从而优化建筑空间、交通流线系统、设备设施布局等方案设计。

3.6.2 应用内容

(1)模拟医院院区内、建筑物内各医疗功能区的人流动线,进行对人流动线的分析及优化。

(2)模拟医院院区内、院区周边道路的车流动线,进行对车流动线的分析及优化。分类模拟院内普通车辆、院内 120 急救车辆和社会车辆的动线,从而优化交通系统的方案设计,包括地下室车库的出入口及车流路径设置。

(3)模拟医院各功能区域和建筑物楼幢内的物流动线,进行动线分析及优化。根据医院内空间布局,可能涉及气动物流、轨道小车物流、中型物流和智能物流等物流系统的模拟分析。包括药物和医用器具的运输、垃圾和被服传输系统等。

3.6.3 应用流程

(1)收集数据,并确保数据的准确性,包括对既有医院的各类流线(人流、车流、物流)的现状调研、各类流线的突出管理问题、相关诊疗空间的医疗工艺流程及医院运营状况的发展趋势等信息。

(2)完善建筑内外几何空间的 BIM 构建,将 BIM 导入对应的模拟分析软件,或在模拟分析软件中重新构建模型,分别对人流、车流、物流各类流线进行模型参数设置,并进行初步的模拟、分析、调整和优化。

(3)综合分析医院院区内的人流、车流、物流各类流线之间的干扰和冲突情况,进一步模拟分析和优化,据此优化设计建筑物诊疗空间、交通路径、物流系统等内容。

3.6.4 应用范例

【范例 3-11】 某市胸科医院科研综合楼项目流线规划分析

某市胸科医院为了实现方便和安全管理,在将新建的科教楼纳入医院的规

划布局中,基于 BIM 技术的模拟分析,重新对胸科医院的流线、交通出入口进行了规划(图 3-27)。在规划中将门急诊、住院楼、新建科教楼的出入口都单独设置,并保障足够的回转空间。科教综合楼的基地位置在胸科医院东北侧。医院交通设置了内外两条环形通道,交通流畅,整体设计流线清晰。科教综合楼地下为全机械式智能停车库,其出入口位于环道附近便于车辆进出。

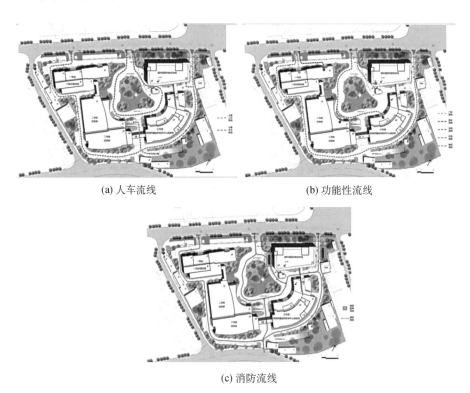

(a) 人车流线　　　　　　　　　　(b) 功能性流线

(c) 消防流线

图 3-27　胸科医院院区的各类流线规划

基于 BIM,应用相关交通模拟软件进行各种流线的模拟、展示与分析,进行优化设计,主要模拟内容包括如下。

(1) 人车流线:考虑到来自公交车辆的城市人流,以及减少行人的就诊距离,在考虑人车分流的前提下优化了人流的引导性。临城市主干路胸科医院中间的出入口作为行人的出入口,以绕胸科医院主景观带作为行人就诊流线,这将纾解患者就诊的紧张心情。为了避免交通阻塞,将车行入口、出口分开设置,并且与城市交叉口有足够的距离。在医院区内,车行路线环绕医院建筑外侧,规划路线单向行驶,避免交叉。

（2）功能性流线：为了保证医院通行有序，对门急诊、住院、行政和物流等功能性流线进行了 BIM 模拟分析。在门诊、急诊、医技和住院各个单体中都有各自的工作流程，设计时要以高效便捷指标为原则，为病人提供人性化的就医环境，最大限度地保证就医流线、工作流线、洁净流线和污物流线的工作便捷并相互不交叉。

（3）消防流线：科教综合楼与院内主要建筑间距均大于 13 m，满足消防间距的要求。与东侧变电间间距 5 m，因此对变电间靠近科教综合楼一侧的外墙进行防火隔墙处理，满足防火设计规范的要求。消防道路环通，医院内外环线作为消防流线，净宽大于 4.5 m，净高大于 4 m，均可直达各医院建筑。东南西侧均直接落地，超过周长 1/4 且大于一长边，室外地面设置消防登高硬地，在此范围内有直通楼梯间的出口，消防流线经 BIM 软件模拟分析，合理可行。

应用 BIM 结合专业分析软件，对车库运行系统进行模拟（图 3-28），重点模拟包括两部分内容：①一般情况下的医院内车辆交通模拟（3 个车库存车）。②新建车库存车和等待入库的交通情况模拟。根据模拟结果，建议加强交通管理。

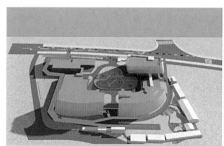
（a）一般情况下的医院内车辆交通

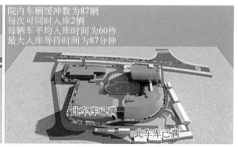
院内车辆缓冲数为87辆
每次可同时入库2辆
每辆车平均入库时间为60秒
最大入库等待时间为87分钟

此车库已满

此车库已满

（b）两个车库停满后的院内车辆交通

图 3-28　车库运行系统模拟分析

【范例 3-12】　某市医院新院区国家级医学中心项目交通模拟分析

构建医院地下室模型，参照设计院提供的流线成果进行动态模拟（图 3-29），结合地下室动态各流线设计方案，应用 BIM 技术进行地下室交通流线模拟，主要为 B1 停车库区域医生流线、患者流线、货车流线、机器人流线和污物流线 5 个部分，其中主要问题集中在患者交通流线和货运交通流线方面，其他 3 个流线不存在冲突问题。动态交通流线分析存在 5 个问题：①高峰期患者流线存在拥堵节点，如何解决？②高峰期患者流线的人流与车流存在交叉，如何保证安全问题？③货车与医生流线存在冲突，如何解决？④货车无法通过部分防火卷帘门,且货车转弯半径具有疑问,如何解决?⑤货运流线中有 2 处卸货点无货车停车位,如何解决?

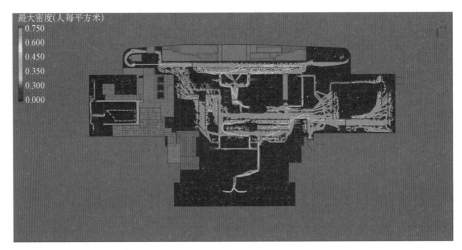

图 3-29　交通流线热力图

针对地下室的交通流线,结合目前的设计方案,充分考虑既有设计空间和相关的车位尺寸,模拟了患者和医生流线、就诊车流与货车物流流线,通过全过程的进出场漫游、动画模拟及不同视角的沉浸式体验,进行了相关问题的模拟分析及建议,具体如下。

(1)有关车位修改和设置单双向通行,建议设置交通指示牌、专人指挥通行等优化措施,通过模拟发现高峰期患者流线存在 5 处拥堵节点,人流与车流存在交叉,需要在前期设计中进行车位规划调整和修改,以及在运营阶段设置交通指示牌、派驻专人指挥通行等措施,如图 3-30 所示。

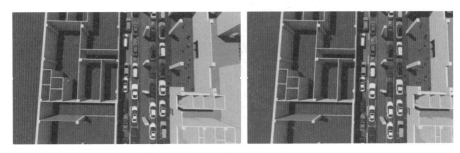

图 3-30　高峰期患者车流线拟定采取措施模拟图

最终措施:车道更改成单向双通行,更改即停即走车位停车方式,改成竖向,但需要设置交替通行指示牌,安排专人指挥通行,加快通行效率;同时在柱子中间设置人工岛方式,避免人流与车流交叉风险。

(2)入场时间及调整货车车辆尺寸的优化建议。通过流线模拟发现高峰期货车流线与医生流线存在冲突,如图 3-31 所示,且货车在进入地下室过程中,货车的高度与防火卷帘门存在冲突,货车在部分转弯区域的转弯半径不够,货运流线中有 2 处卸货点无货车停车位的问题,如图 3-32 和 3-33 所示。

图 3-31　医生流线与货运流线冲突模拟图

货车在此3处,旋转半径是否足够? 货车尺寸为

9 100 mm×2 550 mm× 3 680 mm

图 3-32　货车转弯半径冲突模拟

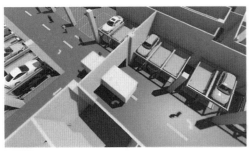

货车无法通过此处,此处为FHJLM7025、高度无法满足,
目前货车尺寸为9 100 mm×2 550 mm×3 680 mm

图 3-33　货车与卷帘门冲突模拟

（3）关于管线优化的建议。通过模拟发现,原运送药品的货车与卷帘门处产生碰撞,此处管线众多,排布较复杂,如图 3-34 所示,货车通过的两道卷帘门高度为 2.8 m,管综优化最低净高可到达 3.15 m(含支吊架),见图 3-35。可提升卷帘门高度,使货车可通过高度得到提高。

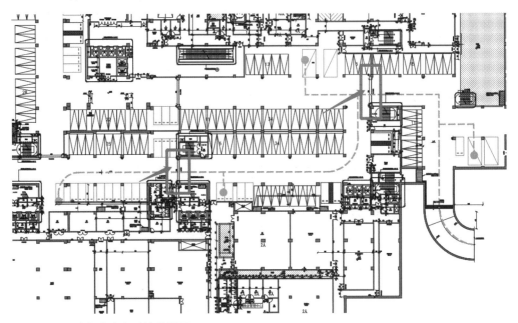

图 3-34　货车与卷帘门碰撞位置图

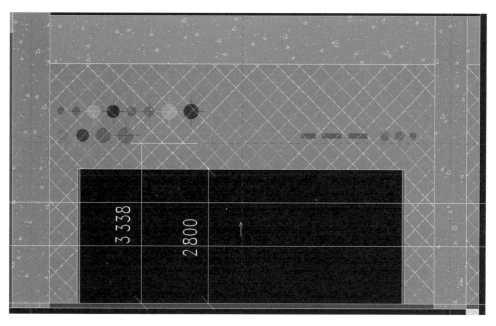

图 3-35　卷帘门管综优化布置图

【范例 3-13】　某市医院北部院区二期扩建工程物流模拟分析

　　某医院北部院区二期扩建工程,建设地下 2 层、地上 18 层。总建筑面积约 13.6 万 m²,其中地上约 4 万 m²。主要建设内容:医疗综合楼、科研综合楼、地下车库、连廊、35 kV 变电站、污水处理站及室外总体等附属工程,增床位600 张。

　　项目采用轨道物流、垃圾被服、气动物流及机器人运输等多类型系统解决医院物资传输需求,如图 3-36 所示,建设初期利用轨道物流 BIM 结合建筑物内空间布局,将物流系统中四横八纵的运输装置与科室连接起来,通过三维化、空间化确定物流终端(发出站、接收站)与洁物存放、污物存放和垃圾存放关系进行深度融合,如图 3-37、图 3-38 所示。同时利用运输转运效率参数计算建筑物多层级的运输耗时与科室综合需求关系,实现统一化、中心化理念。

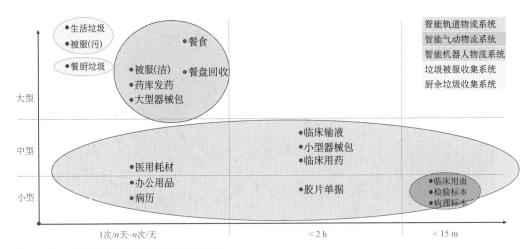

图 3-36 医院智能化物流传输需求与满足

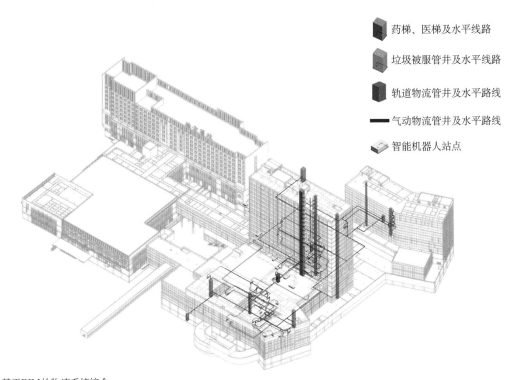

基于BIM的物流系统综合
设计,点位线路距离参考

图 3-37 二期工程"四大物流"系统模型站点分布图

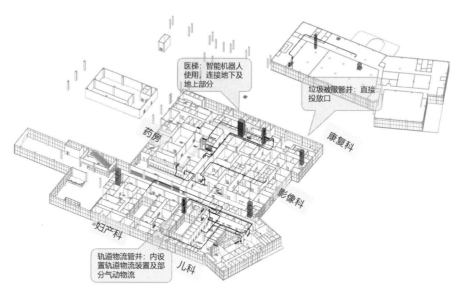

图 3-38　某层建筑平面物流系统模型

【范例 3-14】　某大学附属医院分院院区物流规划模拟分析

　　某大学附属医院分院总建筑面积 50.6 万 m²，南北跨度 550 m，包括医院建筑、科研楼、行政公寓楼和动物实验楼等，共设床位 1 500 张，含国际医疗中心床位 150 张。医院有五大学科群、38 个临床专科，其中 28 个国家临床重点专科，是国家首批区域综合性医疗中心，辐射粤港澳大湾区与东南亚，且包含首脑级 VIP 病房。

　　院区针对未来院内物品传输高效率、高安全性、洁污分离及可自动化传输物品种类高覆盖的要求，以及物流系统占用建筑空间低、系统与建筑融合度高、系统建设符合建筑相关法规等意见，最终确定采用轨道物流系统（ETV，中小型物品主干物流系统）、气动物流系统（PTS，中小型物品辅助物流系统）、机器人物流系统（AGV，大宗洁物物流系统）、垃圾被服动力收集系统（AWLS，大宗污物物流系统）和厨余垃圾动力收集系统（AFWS，大宗污物物流系统）一整套完善且先进的智能物流系统整体解决方案。

　　智能轨道物流系统作为中小物品主干运送方式，覆盖所有的病区和主要医技科室，共设有 91 个站点，跨 3 幢大楼，其中，在 PIVAS，药剂科和检验科都设置有双站点。主要运输的物品包括静脉配液、临床标本（检验、病理）、药品、医用耗材、临床用血、器械包、治疗包、病例档案及办公用品等，见图 3-39。

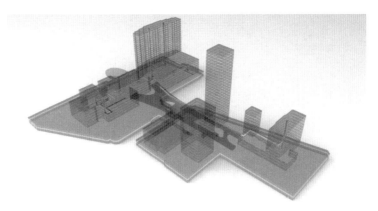

图 3-39　智能轨道物流系统动线设计

智能气动物流系统总共设有 13 个站点,覆盖的科室包括手术室、ICU、EICU、NICU、病理科、药剂科和检验科等,主要承担临时/紧急的传输任务,见图 3-40。

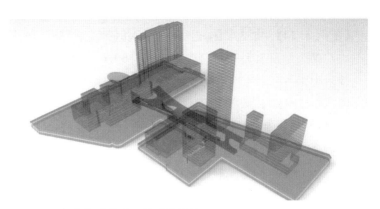

图 3-40　智能气动物流系统动线设计

智能 AGV 导车机器人系统总共设 44 个站点,设计配置导车 20 台,AGV 专用转运车 100 台,水平连接位于地下二层。主要负责医用大宗物品运送,包括清洁被服、餐食、大型手术器械包和库房物资等,见图 3-41。

对于大宗污物,设计了垃圾被服动力收集系统(118 个垃圾投放口、78 个被服投放口)和厨余垃圾动力收集系统(7 个厨余垃圾投放口)分别收集普通垃圾/脏被服和厨余垃圾,见图 3-42 和图 3-43。

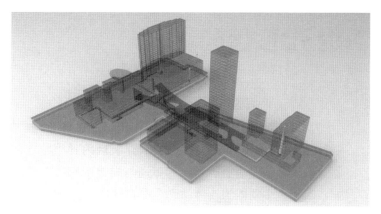

图 3-41　AGV 导车机器人物流系统动线设计

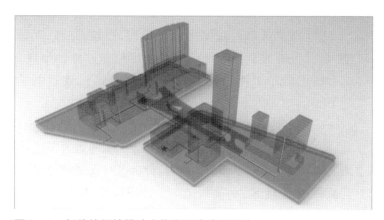

图 3-42　智能垃圾被服动力收集系统动线设计

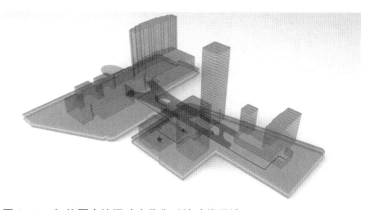

图 3-43　智能厨余垃圾动力收集系统动线设计

3.7 一级医疗工艺流程仿真及优化

3.7.1 目的和价值

为了合理规划设计医院院区内建筑功能总体布局,对新建医疗卫生建筑进行一级医疗工艺模拟分析,促使新建院区内各楼宇之间的医疗功能布局协同融合,或者新建楼宇医疗功能布局与周边既有医院建筑的功能布局相协同融合,对于集多功能为一体的诊疗中心模式,则应通过模拟分析楼层之间的医疗功能布局达到协同融合。

3.7.2 应用内容

(1)综合考虑医院院区内门急诊、医技、住院、行政、教学和后勤等功能,以及医院建筑项目的基本功能定位和业务框架规划学科或科室单元,结合概念规划工作进程,初步确定整个医院建筑的功能单元布局,并构建 BIM。

(2)基于 BIM 及专业性能分析软件,进行人流、物流动线的仿真模拟及优化,审视建设项目的功能结构是否符合医院的运营定位,确定医院建筑各个科室之间的关系。应基于 BIM 模拟分析进行反复讨论和沟通,优化一级医疗工艺流程,避免科室总体布局上的不合理现象,从而避免医院建筑的资源浪费,避免人流与物流动线紊乱,避免给患者就医带来不便。

(3)轨道物流、气动物流、智能物流、垃圾和被服等设施的服务站点布置,应在一级医疗工艺流程中综合考虑。

3.7.3 应用流程

医疗工艺流程仿真及优化,必须是逐级推进、分段落实的,并应组织设计院、医疗专项供应商、BIM 咨询及医院各学科专业技术与管理人员参与方案的研讨分析,基于 BIM 的三维可视化和参数化模拟,可能须进行多轮方案的比较分析,因此,在规划及方案设计阶段应留有足够的时间,进行一级医疗工艺流程仿真及优化,其应用流程见图 3-44。

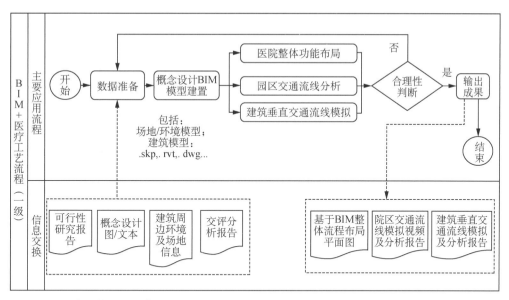

图 3-44 医疗工艺流程仿真及优化(一级)应用流程

3.7.4 应用范例

【范例 3-15】 某市第一人民医院眼科临床诊疗中心项目一级医疗工艺模拟分析

某市第一人民医院眼科临床诊疗中心"BIM + 一级医疗工艺"设计,模拟分析全院立体式交通体系,使得人流、物流达到便捷、贯通的效果。不仅在立面上形成统一的整体形象,功能方面也使得整个院区通过室外连廊相连接,形成完善的立体交通体系,将整个院区串联为一个整体(图 3-45),方便患者和工作人员在院区各个部门间流转,不受道路和天气的限制。

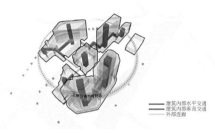

图 3-45 院区内各楼宇串联为一个整体 BIM

新建的眼科临床诊疗中心为三大临床医学中心的复合功能体,该项目设计采用多学科融合（Multi-Disciplinary Team，MDT）模式，其功能布局也由传统模式转变为学科中心式的布局模式，具备高容纳性、高集中性的典型特征。基于 BIM 的模拟分析（图 3-46），开创首个垂直学科中心布局模式，满足日益增长的使用需求。

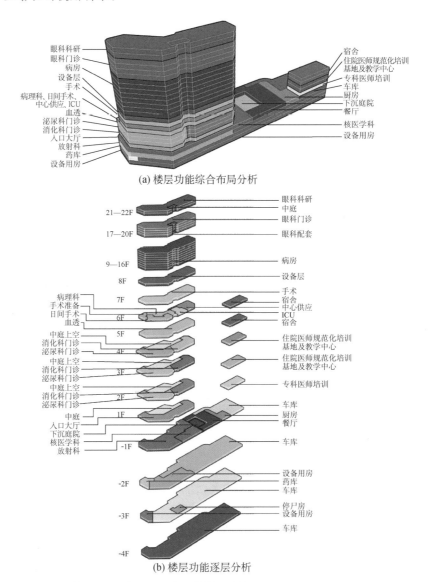

(a) 楼层功能综合布局分析

(b) 楼层功能逐层分析

图 3-46　基于 BIM 的一级医疗工艺模拟分析

【范例 3-16】 某市第六人民医院骨科临床诊疗中心项目一级医疗工艺分析

　　某市人民医院新建骨科诊疗中心项目,总建筑面积约 10.3 万 m²,设计为南北 2 栋单体楼,地下 3 层,地上 13 层。北楼集门急诊、手术、医技、科研和教学等功能为一体,南楼为住院部分和康复中心。地下室建筑面积约 4 万 m²,停车位 650 个,地下室还分设会议中心、职工食堂、营养科等功能区域。新建骨科临床诊疗中心与东侧楼栋通过新建的 3 个连廊连接。该项目是所在地区"十三五"重点建设项目,质量目标为国家优质工程"鲁班奖"。

　　该项目建设中,一级医疗流程是关于医院建筑功能区域之间联系的流程,涉及各功能区域相对位置布局设计的合理性问题。基于对骨科诊疗中心的功能分析与调研,应用 Revit 软件构建 BIM,模拟分析各功能区域的医疗工艺流线。确定洁净手术部与其他科室(部门)之间的位置关系,合理布局诊疗中心的楼层功能,遵循的总原则是:有利于提高医疗安全系数,有利于提高工作效率,最大限度地方便患者及医务人员。基于医疗工艺流程确定洁净手术部的布局位置,从医疗流程方面分析(图 3-47),手术部与影像科、重症监护病房、病理科、输血科、住院病房以及消毒供应中心密切相关,布局设计时考虑相关单元邻近布置。

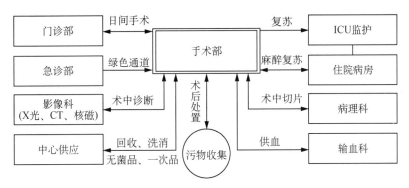

图 3-47　洁净手术部的外联医疗工艺流程

　　经过 BIM 的多方案比选后,确定手术部设置在 4F 至 7F,并将感染控制要求高的 ICU 和消毒供应中心设置在 8F(图 3-48),应用专业软件参数化分析人流和物流动线,优化设计。达到的 BIM 实施效果如下:

　　(1) 避免动线紊乱,方便患者就诊;

　　(2) 分析垂直动线和水平动线,合理设置电梯和走廊;

　　(3) 达到洁污分流、医患分流,避免交叉,有效控制感染风险。

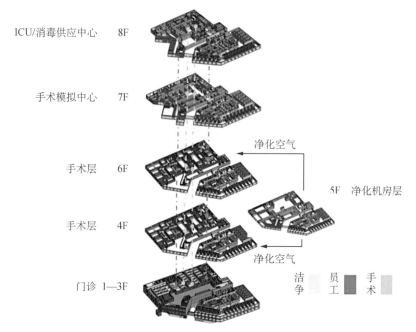

ICU/消毒供应中心　　8F

手术模拟中心　　7F

净化空气

手术层　　6F

5F　净化机房层

手术层　　4F

净化空气

门诊　1—3F

洁　　员　　手
争　　工　　术

图 3-48　"BIM＋一级医疗流程"模拟

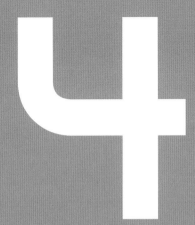

设计阶段应用

4

一般而言,设计阶段包括方案设计、初步设计和施工图设计 3 个阶段。但是从医院建设项目的实施情况看,诸多医院使用部门对项目设计进度管理非常重视,因此医院方在前期策划阶段会花较长时间推敲方案,方案设计的多数内容由此可归类到前期策划阶段,BIM 应用也因此相应提前。基于这一现实,本指南设计阶段主要包括初步设计阶段和施工图设计阶段,对应的 BIM 技术应用点也主要包括初步设计和施工图设计两个阶段的应用。

4.1　初步设计阶段的建筑、结构及机电专业模型构建

4.1.1　目的和价值

设计方案获得审批后,为了完善方案,应用 BIM 软件,进一步细化建筑、结构专业三维几何实体模型,并且据此排布和优化机电专业的主要管线,构建机电专业 BIM,为初步设计优化和施工图设计提供设计模型和依据。

4.1.2　应用内容

(1) 构建初步设计阶段的建筑、结构及机电专业模型。随着设计的深入,在方案设计阶段 BIM 的基础上,对建筑物的构件材料信息进行添加,并且协同此阶段水、暖、电、消防和医疗设备等系统的布置,对建筑和结构模型的几何信息作适当调整和优化。

(2) 机电专业模型构建。主要是利用 BIM 软件建立初步设计阶段的强弱电、给排水、暖通、消防和医用气体等机电专业的三维几何实体模型,涉及主管、干管及重要构件的模型信息内容。若确定应用轨道物流、气动物流、垃圾系统和被服系统,则应考虑预留机房和管线路由空间。

(3) 审核各专业模型的构建深度,校验建筑、结构、机电专业模型的准确性、完整性、专业间设计信息一致性。

4.1.3　应用流程

建筑与结构专业模型的深化,主要使用已完成的方案设计模型成果,基于初步设计阶段的相关图纸及模型样板文件进行模型深化,详细应用流程见图 4-1。

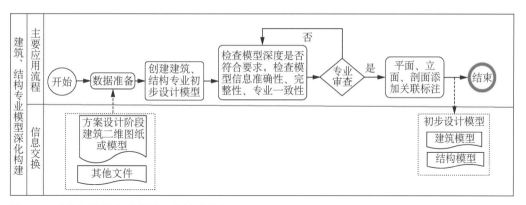

图 4-1　建筑与结构专业模型深化构建流程

4.1.4　应用范例

【范例 4-1】　某市胸科医院科研综合楼项目专业模型构建

某市胸科医院科教综合楼项目,在前期规划和方案阶段 BIM 的基础上,依据初步设计图纸,进一步深化建筑和结构专业的 BIM,并且对给排水、强弱电、供热通风和消防等管线的主管进行 BIM 的构建,最终形成 3 个独立的 BIM(图 4-2)。

图 4-2　科教综合楼建筑、结构、机电专业模型

4.2　建筑结构平面、立面、剖面检查

4.2.1　目的和价值

通过剖切建筑和结构专业的整合模型,检查建筑和结构的构件在平面、立

面、剖面位置是否一致,以消除设计中出现的建筑、结构不统一的错误。防止此类错误带入施工图设计阶段,造成浪费和损失。

4.2.2 应用内容

(1) 整合建筑专业和结构专业模型,对"合模"处理后的 BIM 进行各个方向的剖切,产生平面、立面、剖面视图。

(2) 检查建筑、结构两个专业间设计内容是否统一、是否有缺漏,检查空间合理性,检查是否有构件冲突等"错漏碰缺"内容。

(3) 修正两个专业模型的错误,直到模型准确、统一、无冲突,并且编制碰撞检查报告。该报告应包含建筑结构整合模型的三维透视图、轴测图、剖切图等,以及通过剖切模型而获得的平面、立面、剖面等二维图,并对检查修改前后的建筑结构模型作对比说明。

4.2.3 应用流程

(1) 收集数据,并确保数据的准确性、完整性和有效性。

(2) 整合建筑专业和结构专业 BIM。

(3) 剖切整合后的建筑结构 BIM,产生平面、立面、剖面视图,并检查建筑、结构两个专业间设计内容是否统一、是否有缺漏,检查空间合理性,检查是否有构件冲突等内容。修正各自专业模型的错误,直到模型准确。

(4) 按照统一的命名规则命名文件,保存整合后的模型文件。

4.2.4 应用范例

【范例 4-2】 某市胸科医院科研综合楼项目专业碰撞分析

某市胸科医院科教综合楼项目建筑与结构的冲突检查,通过剖切建筑和结构专业整合的 BIM,检查建筑和结构的构件在平面、立面、剖面位置是否一致,以消除初步设计成果中出现的建筑、结构不统一的错误,提高图纸的精确度。根据该项目扩初设计图纸,构建扩初建筑 BIM、结构 BIM,并且进行了建筑结构的碰撞分析,总计发现 179 处碰撞。经筛选、去除因缺失墙高标注而导致的碰撞后,分析认为涉及墙的错误问题有 39 处属于设计图纸误差引起的碰撞(间隙),可分为 4 种类型(图 4-3);涉及梁的错误问题有 14 处,梁位置不一致(图 4-4);涉及楼梯的错误问题有 13 处,楼梯与梁的关系不符(图 4-5)。应用 BIM 技术及时消除这些碰撞问题,提高了扩初设计质量。

(a) 类型一(墙与柱存在间隙)

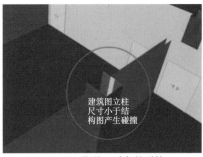
(b) 类型二(墙与柱碰撞)

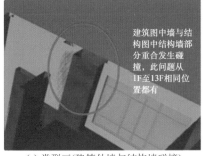
(c) 类型三(建筑外墙与结构墙碰撞)

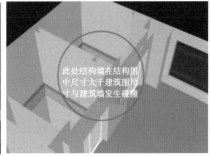
(d) 类型四(建筑内墙与结构墙碰撞)

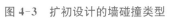
图 4-3　扩初设计的墙碰撞类型

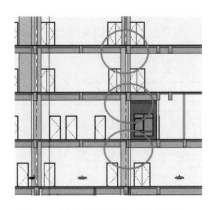

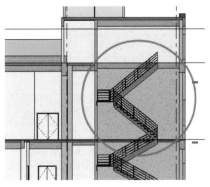

图 4-4　扩初设计的梁碰撞类型　　　图 4-5　扩初设计的楼梯碰撞类型

4.3　二级医疗工艺流程仿真及优化

4.3.1　目的和价值

通过"BIM + 二级医疗工艺流程"仿真及优化,确定整个新建、改扩建项目每个功能单元内部的房间布局,以便各个功能单元内部可以获得更好的、满足医院建筑功能需求的布置形式,优化人流、物流动线,提高医疗工作的安全性和效率,实现以病人为中心的高质量服务。

4.3.2 应用内容

(1)以医院各科室的医疗功能需求为基础,规划科室内的房间,初步确定各个科室(医疗功能单元)内部的房间布局。

(2)基于 BIM 及专业性能分析软件,结合各类病患就诊的流程,以保证医疗工作的安全性和效率为基本原则,进行人流、物流动线的仿真模拟及优化。

(3)将模拟成果向院内科室负责人进行汇报、沟通,审视医疗功能单元内部房间的布局是否有利于缩短医疗活动路线,是否实现人物分流、洁污分流,并且实现洁物与污物流线不交叉、不回流。

(4)反复模拟和优化,直至符合医院医疗功能单元的规划需求。二级医疗工艺流程仿真及优化,不仅仅针对临床科室,还应该包括医技科室,如放射影像科、检验科、功能检查科、病理科和药剂科等。

4.3.3 应用流程

"BIM+二级医疗工艺流程"仿真及优化应用流程如图 4-6 所示。

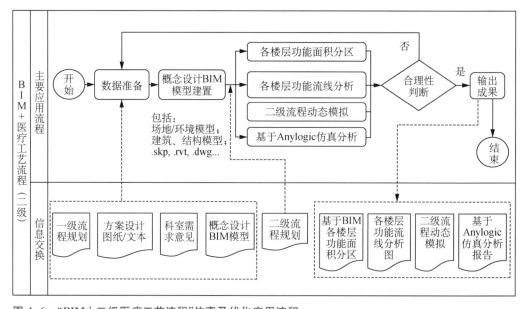

图 4-6 "BIM+二级医疗工艺流程"仿真及优化应用流程

4.3.4 应用范例

【范例4-3】 某市第六人民医院骨科临床诊疗中心项目二级医疗工艺分析

某市第六人民医院新建骨科诊疗中心"BIM+二级医疗工艺流程"应用实例,在初步设计阶段,推进医疗功能单元间(科室)布局动线分析,确定各个功能单元内的房间布局,利用BIM技术中的平面分析、动线模拟,其主要应用步骤如图4-7所示,从而配合设计团队进行功能空间的可行性论证,并判断"医患分流、洁污分流"的合理性和可操作性。针对建筑平面布局中的疏散时间、功能区面积、走道推床宽度对比分析(图4-8),从而进一步优化设计,充分考虑骨科病人就诊与骨科学科特殊性。

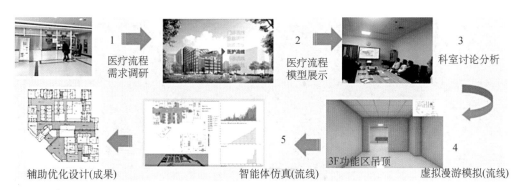

图4-7 骨科诊疗中心"BIM+二级医疗工艺流程"应用步骤

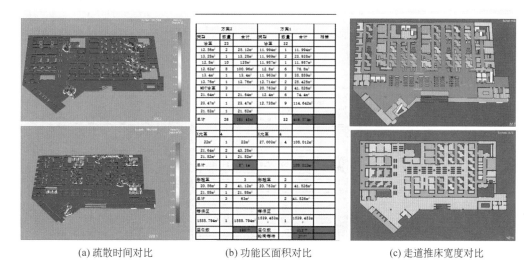

(a) 疏散时间对比　　　(b) 功能区面积对比　　　(c) 走道推床宽度对比

图4-8 医疗工艺二级流程应用效果对比分析

【范例 4-4】 某市第一人民医院眼科临床诊疗中心项目二级医疗工艺分析

某市第一人民医院眼科诊疗中心的"BIM＋二级医疗工艺流程"应用实例，基于专业的人流仿真分析平台，进行场景模拟，预判使用情况。如图 4-9 所示，基于 BIM 分析眼科诊疗中心一层和二层的平面人流情况，并依据分析结果，对局部房间的布置及过道几何尺寸、位置作精细化的调整，以达到医疗工艺二级流程为最佳状态。

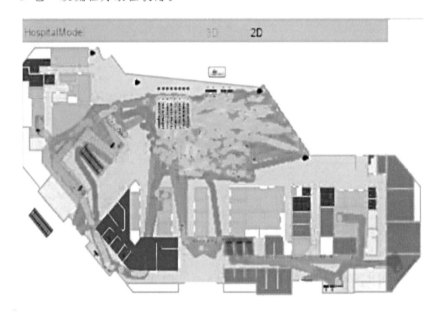

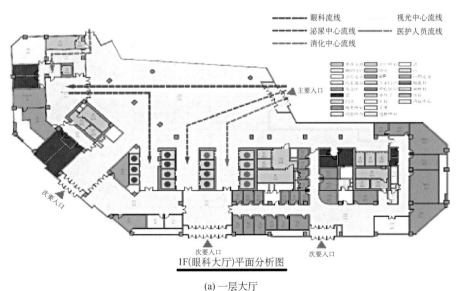

1F(眼科大厅)平面分析图

(a) 一层大厅

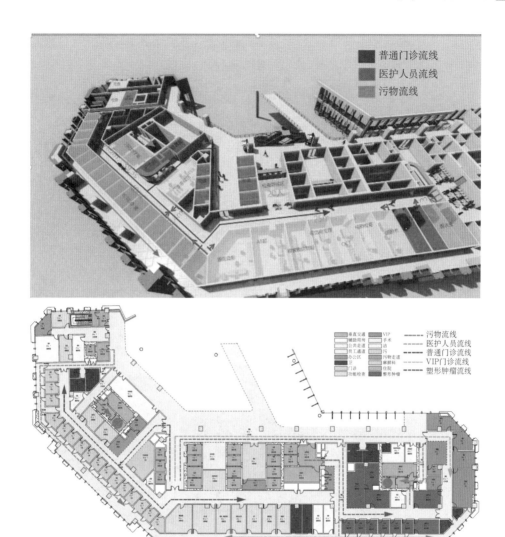

2F(眼科门诊)平面分析图
(b) 二层大厅

图4-9 眼科诊疗中心的"BIM＋二级医疗工艺流程"模拟分析

【范例4-5】 某市医院北部院区二期扩建工程人流分析

在医院北院院区二期扩建工程设计阶段，应用"BIM＋二级医疗工艺流程"进行确认和优化平面布局方案。首先梳理二级工艺流程人流量路线及拓扑关系，并绘制模拟流程关系图（图4-10），同步搭建基于BIM的仿真模型，仿真模拟分析一层至四层的科室门诊、功能检查科室的高峰期日服务量，分析过程中采用极限和舒适两种状态的预测服务量，获得各楼层人流密度图（图4-11）和两种状态下日服务量（舒适值、极限值），并依据模拟分析获得的信息（表 4-1），进行优化工艺流程、优化运营管理措施。

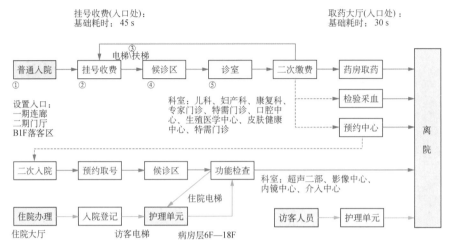

图 4-10　医院北部院区二期扩建工程的仿真模拟人流量关系

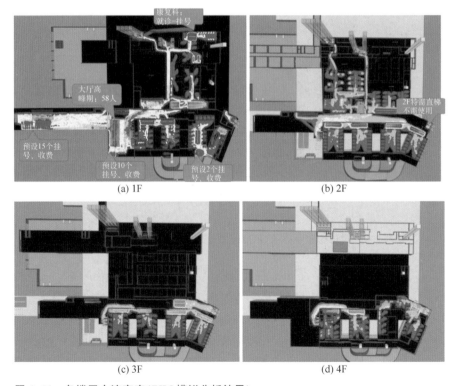

图 4-11　各楼层人流密度（BIM 模拟分析结果）

表 4-1　医院北院院区二期扩建工程的服务量模拟结论汇总情况

楼层	科室	一期数据/ 人次	舒适状态/ 人次	极限状态/ 人次	高峰候诊量/ 人次
1F	儿科	450	810	1 296	42
	妇产科	360	1 080	1 840	50
	康复科	150	312	416	110
	影像科	1 500	327	436	19
2F	专家门诊	900	1 688	2 352	170
	超声二部	600	796	1 063	42
	内镜中心	150	448	597	7
3F	特需门诊		444	592	90
	口腔中心	30	177	228	38
4F	生殖中心	180	303	475	34
	皮肤中心	50	750	1 000	60
汇总		4 370	6 775	10 295	711

4.4　面积明细表及统计分析

4.4.1　目的和价值

在医院项目中,应用 BIM 提取各功能房间面积信息,可以非常快捷地精确统计各项常用面积指标,用以辅助进行技术指标统计分析;并能在建筑模型修改过程中,发挥关联修改作用,以便及时发现各功能房间的面积变化情况,确保医院建筑面积指标满足诸如医院级别评估、绿色医院评估等需求。

4.4.2　应用内容

(1)由模型自动生成各功能房间的使用面积,并统计分析。

(2)精确统计各项常用面积指标,以辅助技术指标测算,判断是否满足医疗工艺、相关建设标准等需求。

(3)能够在对建筑模型的修改过程中,发挥关联修改作用,实现精确快速统计医院建筑各类医疗用房(诸如病房、手术室、医疗实验室等)的净面积,便于与科室负责人、医疗用房者沟通,并调整优化。

4.4.3 应用流程

(1)收集数据,并确保数据的准确性。

(2)检查建筑专业模型中建筑面积、房间面积信息的准确性。

(3)根据医院项目需求,设置明细表的属性列表,以形成面积明细表的模板。根据模板创建基于建筑信息模型的面积明细表,命名面积明细表,统一明细表命名规则。

(4)根据医疗卫生建筑功能设计需要,分别统计相应规范标准要求的面积指标,校验是否满足技术经济指标要求。可开发设置 BIM 中的面积自动判别功能,当调节相邻房间面积时,对不满足标准要求的房间发出警示信息(例如房间显示红色),直至所有房间面积符合指标要求时,完成分析调整工作。

(5)保存模型文件及面积明细表。

4.4.4 应用范例

【范例4-6】 某市综合医疗卫生中心项目面积统计分析

某市综合医疗卫生中心项目,包括建筑面积 13.8 万 m^2 的康复中心(地下二层、地上九层)和建筑面积约 1 万 m^2 的社区卫生服务中心(地下一层、地上五层)。

基于设计院提供的建筑设计图纸,对社区卫生服务中心进行 BIM 建模。基于 BIM 对医疗建筑各科室功能面积进行统计分析,以满足《社区卫生服务中心、站建设标准》(建标 163—2013)《某市社区卫生服务中心新一轮发展设置基本标准》《某市儿童保健门诊规范要求》《某市接种单位管理办法》(2018)等相关设计标准、规范和使用需求。

面积统计综合分析结果表明,该社区卫生服务中心服务人群约为 10 万人(2017 年人口统计为 103 244),新建建筑面积 11 295 m^2,满足服务人数每千人 $80/m^2$ 配置;床位 99 张,满足每一床位占用建筑面积 45~60 m^2 配置。

具体针对每一层各功能房间也进行面积统计分析,例如一层功能布局及面积分布情况(图 4-12)。分析结果表明:

治疗室每间 15 m^2,未满足。

《社区卫生服务中心、站建设标准》(建标 163—2013)描述抢救室面积应不低于 14 m^2,目前抢救室面积 12.47 m^2。

《社区卫生服务中心、站建设标准》(建标 163—2013)描述全科诊室应设置 12 间,总面积不少于 144 m^2,方案中未满足。

《社区卫生服务中心、站建设标准》(建标 163—2013)描述注射室面积 9 m²,方案中为 8 m²。

《社区卫生服务中心、站建设标准》(建标 163—2013)描述应设置换药室, 方案中未见。

《社区卫生服务中心、站建设标准》(建标 163—2013)描述处置室面积不应 小于 9 m²,方案中未满足。

对面积统计分析不满足标准要求的房间则需进一步优化和调整。

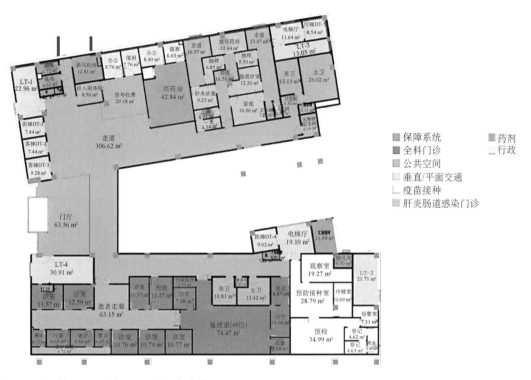

图 4-12 基于 BIM 的 1F 面积分类统计

4.5 建筑设备选型分析

4.5.1 目的和价值

在医院建筑中,电梯、空调等设备选型对医院建筑的使用性能影响极大, 因此在初步设计阶段设备选型通常被作为重要工作之一。基于 BIM 技术辅助模拟分析,促使建筑设备选型更加合理,从而为医院建筑绿色、安全、高效运营提供保障。

4.5.2　应用内容

(1) 在建筑专业 BIM 中对各类主要建筑设备系统(诸如电梯、空调、医用气体系统等)进行初步排布;并根据项目设备参数表以及医院使用部门的相关需求,赋予模型设备相关参数。

(2) 使用专业软件进行分析,适配性判断,调整优化,选择合适的设备参数。

(3) 电梯选型配置时应认真了解建筑物的自身情况和使用环境,对医疗工艺流线的影响,保证洁污分流,医患分流,包括建筑物的用途、规模、高度和客货流量等因素。

(4) 空调的选型标准主要基于空调的工作范围,还需从节能环保的角度,综合考虑空调的型号和参数,而且对于医院内诸如手术室、常规病房、供应室、配置中心及血液病房等房间的空调系统参数都应满足《医疗机构消毒技术规范》(WS/T 367—2012)中相应的规范条目,加强空调对空气病菌传染的控制。

(5) 医用气体系统的选型应充分考虑设备型号、几何尺寸、安置位置及管线敷设的可操作性和管线布设的美观性。

4.5.3　应用流程

(1) 收集数据,并确保数据的准确性。

(2) 选用专业模拟分析软件,将 BIM 导入或新建软件系统,进行相关模拟分析。

(3) 依据模拟分析结果,结合调研产品供应商情况,进行设备选型。

4.5.4　应用范例

【范例4-7】　某市胸科医院科研综合楼项目电梯选型

电梯作为建筑物的垂直交通工具,其选型配置的优劣将直接关系到整幢建筑的合理利用。基于 BIM 技术的电梯选型仿真模拟,采用仿真软件进行模拟(图 4-13)。操作过程主要有模型构建和基础数据输入两部分,其中基础数据输入主要包括:各时段需乘坐电梯人流量,电梯数量及停靠楼层,电梯最大荷载人数,电梯平均运行速度,医务人员及病患上下电梯平均时间,使用人员在楼层的平均滞留时间,楼层数及层高等数据。通过仿真软件的运算分析,可以获得电梯全天平均等待时间、最大等待时间和最小等待时间。依据 BIM 模拟的结果,确定电梯运行的合理技术参数要求为:电梯全天平均等待时间 30~40 s、最大等待时间不超过 200 s、最小等待时间 3~4 s。据此,该项目选择电梯速度为 1.75 m/s,并综合考虑性价比,最终选择 7 部某品牌电梯,分为乘客电梯、医用电梯两种类型。

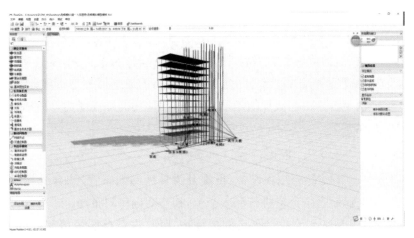

(a) 电梯等候状态

(b) 电梯运行状态

图 4-13　电梯选型 BIM 仿真模拟

4.6　空间布局分析

4.6.1　目的和价值

通过构建 BIM 空间模型,进行可视化、参数化模拟分析,并依据功能需求进行空间布局优化;考虑医疗工艺发展、医疗设备更新、诊疗空间变化等情况,前瞻性设置弹性空间,实现快速转换;设置"平疫转换"的空间布局以满足疫情防控的需求等。空间布局分析的最终目的是实现医院各部门使用空间满足医疗工艺流程的需求,提高空间使用的弹性能力,并保证医院安全高效地运营。

4.6.2　应用内容

(1)结合室内设备、设施及家具模型的布置,综合分析建筑空间布局,并与医院各个科室进行深入交流,初步明确房间布局。

(2)结合楼层各房间的使用功能,进行楼层各房间的人流、物流分析,保持各流线顺畅。

(3)前瞻性考虑医疗工艺和需求容易发生变化的空间,通过进行弹性构造设置,以便空间布局的弹性变化。

(4)根据疫情防控需求,设置满足"平疫转换"的空间布局,依据 BIM 模拟分析,布置装配式隔墙、医用家具及设备点位布局。

4.6.3　应用流程

(1)收集数据,并确保数据的准确性。

(2)针对 BIM 三维空间模型,进行可视化(VR、视频漫游等)、参数化(人流、物流)模拟。

(3)依据模拟情况(可多方案对比),结合医疗工艺流程,进行空间布局的合理性分析。

(4)依据模拟分析结果,优化空间布局,提出空间布局实施方案。

4.6.4　应用范例

【范例 4-8】　某市医院内科医技综合楼项目空间布局模拟分析

某医院内科医技综合楼总建筑面积 32 560 m²,其中地上 27 280 m²,地下 5 280 m²。设置床位 486 张,与既有建筑外科楼相连通,通层布局;其中一层为大厅和静脉配置中心,将通过自动化物流系统将药品传输到各病区;二层为放射功能检查科室,设有 3 间 CT 室、2 间 MRI 室、2 间 DR 室及 4 间 B 超室等;三层为手术室,设有 6 间百级手术室,其中包括 1 间机器人手术室、1 间杂交手术室等;四层为病理科及输血科等;五层为介入中心,设 4 台 DSA 操作室,将与心内科作同层布置;6 层至 16 层为内、外科病房,与目前的外科楼病房全部贯通,科室将重新布局,就医流程将更新优化。

由于新旧建筑贴近建设,且诸多楼层贯通,应用 BIM 技术进行模拟分析,优化其空间布局。以 4F 楼层为例(图 4-14),基于 BIM,组织病理科及输血科等医护人员参与诊疗空间的布局研讨,对医护流线(图 4-15)、患者流线(图 4-16)、物流和交通等影响空间布局的因素进行讨论,对病理科、输血科、净化机房等空间布局以及电梯设置设计方案进行优化,基于 BIM 进行医疗工艺流程再造,提出最终实施方案。

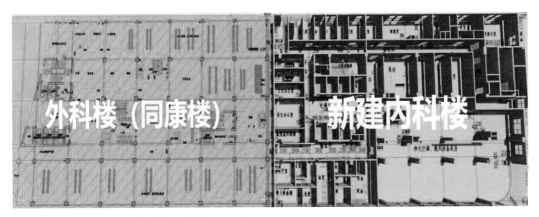

图 4-14 新旧建筑贴近建设的 4F 楼层 BIM 模块

图 4-15 新建楼 4F 医护流线模拟

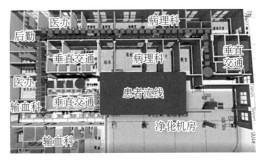

图 4-16 新建楼 4F 患者流线模拟

【范例 4-9】 某市医院科研综合楼项目弹性空间布局分析

医院空间的充分使用是医院高效能运营的关键。基于医院科研综合楼暨肿瘤研究所整体迁建工程的背景,研究建设项目中用户活动与空间使用特征,形成不同空间适用类型的相关理念,开发医院用户活动空间映射方法,构建弹性空间 BIM,推进弹性空间优化和实施应用。

以试验楼层的 PI 办公室为例(图 4-17),基于 BIM 设置 3 面活动墙,实现办公室/会议室的弹性空间快速转换,并设计相应的空间配置,显著提高使用效能。

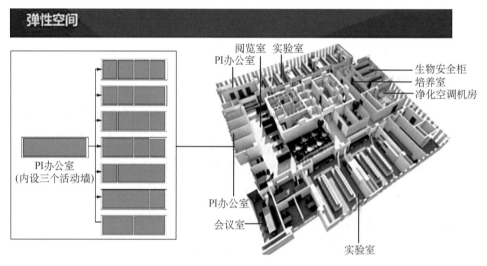

图 4-17 PI 办公室弹性空间 BIM

【范例 4-10】 某市第六人民医院骨科临床诊疗中心项目辐射影响范围模拟分析

某市第六医院骨科诊疗中心的影像医学中心空间布置在地下室 B1 层,属于集中式布局设计。基于 Revit 软件的磁力线模块模拟分析(图 4-18),优化布置 6 台 MRI 和 4 台 CT 设备,同时根据磁力线强度梯度,设计防辐射措施,设置医护和病患人员安全活动区域,并将易受磁力线影响的精密仪器合理布置到作用场之外,保证人员安全和仪器安全。其确定方法是:3 Gs(1 T = 10 000 Gs)以上分布区域,对金属、电子设备产生影响;5 Gs 以上分布区域,不仅对金属、电子设备产生影响,而且对植物和人体均有伤害。

构建骨科诊疗中心的影像医学中心样板房 BIM,主要涉及防辐射铅板

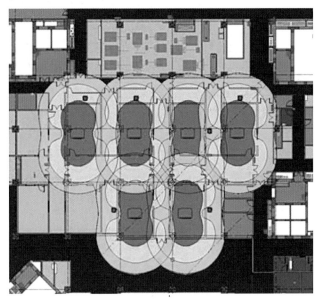

图 4-18　MRI 磁力线模块模拟分析

构造、防辐射混凝土墙体、水电管线穿墙构造等内容,放射治疗室与控制室之间必须安装监视装置和对讲设备,治疗室外醒目位置应该安装警示红灯和警示标识,保障放射诊疗工作人员、患者及陪同人员的身体健康与安全。应用 BIM 构建虚拟样板房,供医护人员和设计师 VR 体验和漫游审查,提前发现防辐射措施的疏漏,从而在施工之前完善建筑物理安全性设计成果。

【范例4-11】　某市口腔医院新院区项目诊疗空间"BIM＋平疫转换"模拟分析

　　某市口腔医院 2F 诊疗空间,如图 4-19 所示,平时,门诊区域分南区、北区全部开放,病患流线如图 4-19 中红线所示,北区为 2 条病患流线,南区为 1 条病患流线;医护流线如图 4-19 中绿线所示,北区为 3 条医护流线,南区为 2 条医护流线。病患流线与医护流线相互分离,互不干扰,做到医患分流。如图 4-20 所示,疫情期间,南区诊间全部关闭,北区只保留红线和绿线所示的病患流线和医护流线各一条,其余流线均由临时隔断阻断封闭。应用 BIM 技术三维模拟分析,在疫情期间,沿病患流线建立起临时隔断,阻绝病患流线与其他区域的联系,并在医护流线区域建立起缓冲区域,供医护人员消毒消杀,脱换防护服。

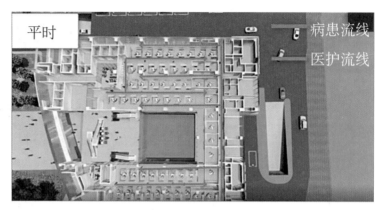

图 4-19　平时 2F 门诊区域空间布局

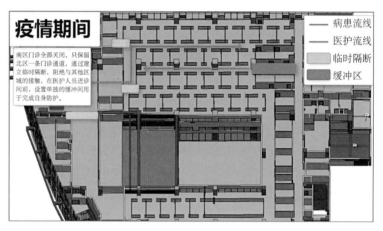

图 4-20　疫情期间 2F 门诊区域空间布局

4.7　初步设计重点区域净高分析

4.7.1　目的和价值

为了保证医院重点区域净空高度满足全生命期安全、舒适的使用要求,在初步设计阶段,应用 BIM 技术,对重点区域作出初步分析,优化建筑结构及管线布局方案,为后期施工图阶段和施工阶段的深化竖向净空分析及三维管线综合奠定基础。

4.7.2　应用内容

(1) 分区域确定门诊大厅、医疗街、走道、机房和车道等关键部位的净空高度。

（2）基于模型初步布置强弱电、给排水、空调、热力、动力和气动物流等主要管线,校核重点区域净高。

（3）对结构大梁处、结构降板处、窄走道、机房门口走道及大尺寸暖通主管叠放区域物流系统经过区域等容易产生净空降低的区域,进一步校核净空高度。

4.7.3 应用流程

（1）收集数据,并确保数据的准确性。

（2）依据结构专业 BIM,分区域确定门诊大厅、医疗街、走道等关键部位的净空高度。

（3）依据机电专业扩初图纸构建主要管线 BIM,校核重点区域净高,并进一步分析结构大梁处、结构降板处、窄走道等容易产生净空降低区域的净高。

（4）提出优化结构及管线的方案,确保重点区域和容易产生净空降低区域的净高满足安全、舒适运营的需求。

4.7.4 应用范例

【范例 4-12】 某市第六人民医院骨科临床诊疗中心项目净空分析

某市第六人民医院新建骨科诊疗中心北楼七层走道的净空分析（图 4-21）,由于 T1 北侧走道（T-5-T-6 轴交 T-K 轴）过道较窄,且有较大空调风管布置,共有 16 种管线集中经过此处,因此作为重点分析区域,经过优化,保证净空高度达 2.7 m,满足使用要求。

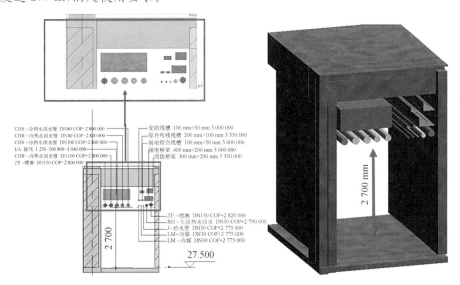

图 4-21 重点区域（走道）管线布置及净空分析

4.8 施工图设计阶段的建筑、结构、机电专业模型构建

4.8.1 目的和价值

为了使各专业 BIM 精度进一步提升,在初步设计模型的基础上深化以满足施工图设计阶段模型深度要求,为冲突检测及三维管线综合、三级医疗工艺流程仿真及优化、竖向净空分析和二维施工图设计辅助等应用提供良好的基础模型。

4.8.2 应用内容

(1)基于扩初阶段的 BIM 和施工图设计阶段的设计成果,应用 BIM 软件进一步构建各专业的信息模型,主要包括建筑、结构、强弱电、给排水、暖通、消防、医用气体、物流及垃圾被服等专业的三维几何实体模型。

(2)应用 BIM 的协同技术,提高专业内和专业间的协同设计质量,减少"错漏碰缺",提前发现设计阶段中潜在的风险和问题,及时调整、优化技术方案。

(3)审核施工图设计阶段各专业模型的构建深度。

4.8.3 应用流程

(1)收集数据,并确保数据的准确性。

(2)深化初步设计阶段的各专业模型,达到施工图模型深度,满足各专业模型内容及基本信息要求,并按照统一命名原则保存模型文件。

(3)将各专业阶段性模型等成果提交给建设单位确认,并按照建设单位意见调整完善各专业设计成果。

4.8.4 应用范例

【范例4-13】 某市中医医院新院区项目施工阶段模型构建

某市中医医院新院区项目施工图版建筑专业模型(图 4-22),包建筑形式为 4 层的裙房,房间功能包含门诊、行政、急诊和医技等。5~12 层塔楼为病房层。为了辅助二、三级医疗工艺流程优化工作,建筑模型从平面布局到房间内的细致布置均需构建到位。该项目施工图版机电全专业综合模型(图 4-23),包含给排水、暖通、强电和弱电以及该医院项目特殊的医用气体、中型物流、消防等各涉及机电安装的专业,该版模型作为管线综合的机电模型基础,与当前版本施工图需保持一致同步更新。

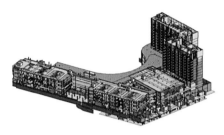

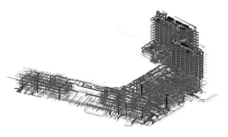

图 4-22　施工图版建筑专业模型　　　图 4-23　施工图版机电全专业综合模型

项目施工图版结构综合模型(图 4-24)包括 PC 预制构件＋现浇混凝土结构。该项目结构专业模型还进行了 PC 预制构件与现浇部分的拆分设计,为施工阶段所需要进行的 PC 节点深化、PC 施工顺序模拟打下模型基础。另外,在施工图设计阶段,还构建了地下室部分的整体结构模型和维护结构 BIM (图 4-25)。

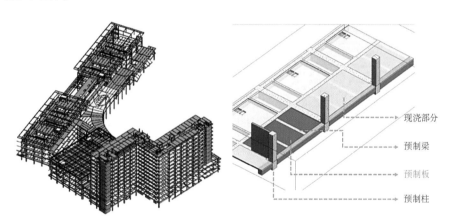

现浇部分

预制梁

预制板

预制柱

图 4-24　项目整体 PC 装配式结构模型＋现浇混凝土结构连接模型

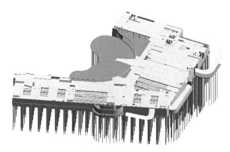

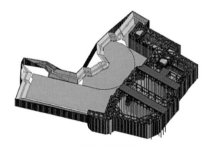

(a) 地下室整体结构　　　　　　　　(b) 基坑维护结构

图 4-25　施工图版的地下结构模型

4.9 冲突检测及三维管线综合

4.9.1 目的和价值

为了避免医院项目的空间冲突、管线碰撞等错误和缺陷从设计阶段传递到施工阶段,应用 BIM 三维可视化技术对施工图设计阶段的成果进行检查,保证施工图设计范围内各种管线布设与建筑、结构平面布置和竖向高程相协调,尽可能减少碰撞,优化空间布局和满足医疗工艺要求。

4.9.2 应用内容

(1)应用 BIM 软件自动检测管线与管线之间、管线与结构之间的冲突,包括实体模型占用同一空间的"硬碰撞"和影响施工安装、检修、保温防护及安全操作等过程的"软碰撞"。

(2)基于 BIM 优化调整管线布局,完成设计阶段的管线综合。同时应解决空间布局合理,比如重力管线延程的合理排布以减少水头损失,常规的机电管线与医用大管道及设备的协调,通常需要重点考虑机房、管廊等复杂部位,还需要考虑手术室、急诊中心、病房等医院特有区域模型的深化设计,这些情况皆需在三维管线综合过程中加以考虑。

4.9.3 应用流程

碰撞检测及三维管线综合 BIM 应用操作流程如图 4-26 所示。

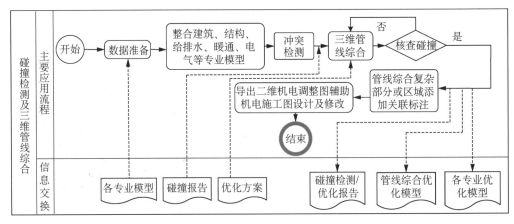

图 4-26 碰撞检测及三维管线综合 BIM 应用操作流程

4.9.4 应用范例

【范例4-14】 某市胸科医院科研综合楼项目冲突检测及三维管线综合

基于施工图设计阶段完成各专业的 Revit 模型，导入 Navisworks 软件中进行冲突检测，以避免空间冲突，尽可能减少碰撞，避免将设计错误传递到施工阶段。在该项目施工图设计阶段的成果中，共检查出三类冲突 59 处：建筑与结构碰撞 24 处，给水、消防与结构碰撞 5 处，暖通与结构碰撞 30 处。图 4-27 仅给出部分碰撞示例。对于发现的碰撞问题，逐一进行调整和优化管线排布。同时进行管线综合工作，主要关注有两个目的：①满足管线畅通和维修的功能要求。②满足管线布局美观和质量创优的要求。尤其是对机房、泵房和地下室管线外露的空间，管线布置要求整齐划一、对称、居中，以达到省部级及市级优质工程奖的评选标准。

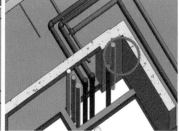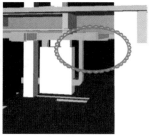

(a) 给水管与结构墙碰撞　　(b) 喷淋管与结构柱碰撞　　(c) 风管与结构梁碰撞

图 4-27　施工图设计阶段碰撞示例

4.10 三级医疗工艺流程仿真及优化

4.10.1 目的和价值

为了使医院建筑的每个诊疗房间满足医疗工艺流程需求，基于施工图阶段各专业 BIM，应用各类性能分析软件，精细化分析室内设施设备、医疗家具、水电点位等设计内容，科学选型，优化布局，并对特殊诊疗空间进行气流组织优化，从而使得最终实施方案符合人机工程原理、满足医院感染控制以及疫情防控等需求。

4.10.2 应用内容

（1）基于施工图阶段各专业BIM,精细化模拟、分析、确定整个新建、改扩建项目每个房间内部的布局,使其满足医疗工艺流程需求,为临床诊疗工作的医生、护士、技师等打造完善的工作用房条件。

（2）应用专业性能分析软件进行仿真模拟分析,确定医院建筑的各个房间内部的设施设备、医疗家具、水电点位、物流站点和内装条件(地面、墙面、天篷、通风及温度等)。并经反复修正,实现多方案选优,精确落实室内布局符合人机工程原理。

（3）对于大型空间、人员密集场所、手术室等进行气流模拟分析,优化空调设备选型、送风口和回风口布置、风速风量等参数设置,从而优化气流组织,满足医院感染控制、疫情防控等需求。

（4）三级医疗工艺流程的仿真及优化,依据具体医院建筑的功能需求和建设条件,可以贯穿初步设计阶段和施工图设计阶段,甚至可以延续到施工准备阶段的深化设计过程,并与室内装饰装修深化设计相融合。

4.10.3 应用流程

三级医疗工艺流程仿真及优化应用流程如图4-28所示。

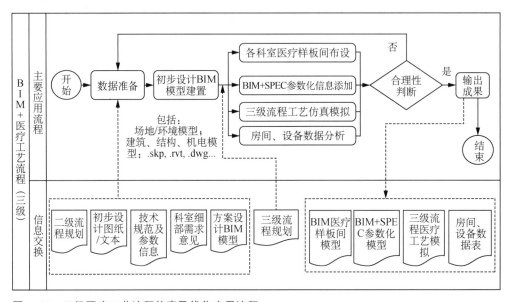

图4-28 三级医疗工艺流程仿真及优化应用流程

4.10.4 应用范例

【范例4-15】 某市第六人民医院骨科临床诊疗中心项目三级医疗流程模拟分析

在施工图设计阶段,进一步优化诊疗中心各科室内医用家具、医疗设施、机电点位之间相对位置布局的设计方案。

1)手术室的三级流程模拟分析

对于骨科诊疗中心的百级手术室和千级手术室,分别构建样板房 BIM(图4-29),应用相关软件组合,模拟手术室内操作流程,优化布置手术室的设备设施、医疗家具和水电气点位的设计,主要达到的 BIM 实施效果如下:

(1)方便医护人员操作、规避感染风险;

(2)基于 BIM 提供的虚拟手术室空间,参数化计算医护人员在不同布局方案情况下完成医疗工艺流程所移动的距离总值 S 和耗费时间总值 T,优先选择 S 和 T 皆为最小值的设计方案作为实施方案,从而达到既安全又高效的目标。

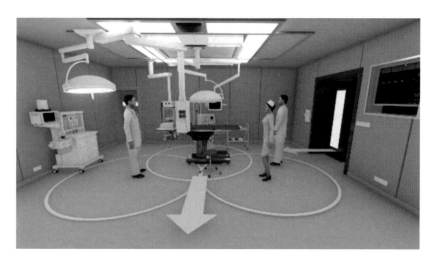

图4-29 三级医疗流程模拟

2)标准门诊及护理单元三级流程模拟

通过对门诊单元内就诊流程的可视化三维模拟(图4-30),帮助在建设阶段发现设计流程中可能存在的问题,也便于医务工作者今后能够更为便利地展开医疗服务工作。从病患进入门诊单元、就诊检查、门诊诊疗等门诊单元的各个方面进行验证模拟。协助业主相关使用部门决策、优化设计将门诊单元打造成更人性化、更合理、更舒适的就诊空间。

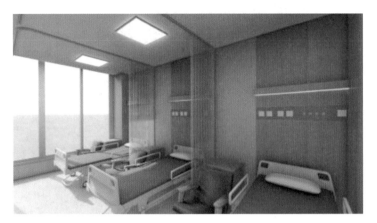

图 4-30　标准护理单元点位预设分析

3）专家门诊仿真模拟

通常而言，专家门诊患者存在多种可能的就医流程，例如首次到医院就诊、复诊、需要各类医疗检查以及仅需要专家咨询服务等，这些流程存在较大差异。本模型根据专家门诊的患者是否接受 DR 检查进行分类，分别建立了两类患者的就诊流程，如图 4-31 所示。

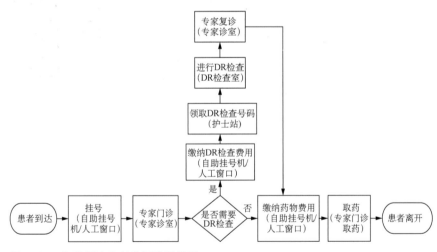

图 4-31　专家门诊患者就医流程模型

（1）参数设定。表 4-2 中列出了分布试验结果和其他主要的模型参数。模型利用专业仿真软件进行仿真，将每名患者视为独立的个体，其就医流程中各步骤所用时间在设定的参数区间内进行随机取值，以提升模型的真实性。

进而将医院一天的运行情况进行 2D/3D 动画展示,降低模型的评价壁垒,使模拟结果更容易被理解、讨论和验证。

表 4-2　模型各项参数

参数	设定值
自助挂号机服务时间	uniform(0.5,1)(min)
人工窗口服务时间	normal(0.7,1)(min)
专家门诊服务时间	uniform(5,10)(min)
DR 检查服务时间	uniform(5,7)(min)
等待 DR 检查结果时间	30 min
专家复诊服务时间	uniform(5,10)(min)
取药服务时间	uniform(2,3)(min)

由于缺乏详细的数据,为保证模型的正常运行,在建模过程中对于模型和数据进行了必要的假设。

(2) 数据输出。如图 4-32 所示,为了更有效地评估模型中的各项资源配置情况,在模型中有 3 张实时更新的折线图,分别用来展示各重点区域的实时人数,全部专家的总工作时间和全部 DR 设备的总工作时间。在模型运行结束后,还会输出一张 Excel 表单,其中包含每名患者接受专家门诊服务的时间、DR 设备服务的时间、各重点区域人数峰值、各重点区域患者数峰值及专家诊室和 DR 设备的使用效率。

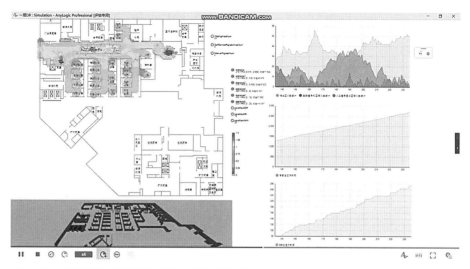

图 4-32　专家门诊患者就医模拟分析结果输出

4) 手术室气流组织模拟与优化

为了控制因气流引起的感染,骨科诊疗中心的手术室重点考虑空调系统的设计,基于计算流体动力学(CFD)对室内气流进行模拟分析(图 4-33),多方案比选送风口和回风口的布置、送风速度和回风速度等参数模拟,有效地组织空气净化系统,优化设计,既有利于减少交叉感染,又能经济地满足洁净质量。

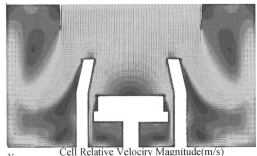 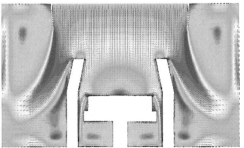

(a) 上送风3000/侧回风1000   (b) 上送风9000/侧回风4000

图 4-33   手术部(F4)气流模拟分析

【范例 4-16】   某市口腔医院新院区项目气流组织模拟分析

在口腔医院建筑的诊疗空间中,操作高速旋转的牙科手机则会引起大量喷溅物和气雾,伴随病患人员的咳嗽和打喷嚏产生的飞沫,存在非常严重的微生物气溶胶颗粒污染,容易造成疾病传染。因此,结合口腔医院建筑诊疗空间设计和建造的范例,可以应用大型的高级数值仿真软件进行 CFD 模拟分析,从而为优化设计三级医疗流程、诊疗空间布局和空调通风系统奠定良好的基础。

为了使口腔医院建筑的诊疗空间满足"平疫结合"要求,牙椅操作空间的分隔按照三区两通道的布局进行设计,实行医护通道和病患通道分开(图 4-34),连接医护通道的门洞不设门扇,利于通风;连接病患通道的门洞设置自动感应推拉门。参考上海市口腔医院建筑的平面设计,每间诊疗空间模型的平面尺寸设计为 3.0 m×3.1 m,建筑净空高度设计为 2.7 m。应用专业软件模拟分析表 4-3 所述 4 种工况下气溶胶颗粒运动的规律。模拟分析部分成果详见图 4-34 所示。

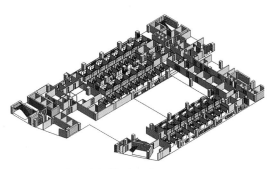

图 4-34 诊疗空间模型设计

表 4-3 模拟分析的四种工况

工况	气溶胶	口外负压	空调
1	速度 0.4 m/s	无	无
2	速度 10~50 m/s	距离 200 mm 至 400 mm;夹角 -30°至 +30°,流速 34 m/s	无
3	速度 10 m/s	无	上送侧回,送风速度 2.4 m/s,回风速度 1.27 m/s
4	速度 10 m/s	距离 300 mm,夹角 0°,流速 34 m/s	上送侧回,送风速度 2.4 m/s,回风速度 1.27 m/s

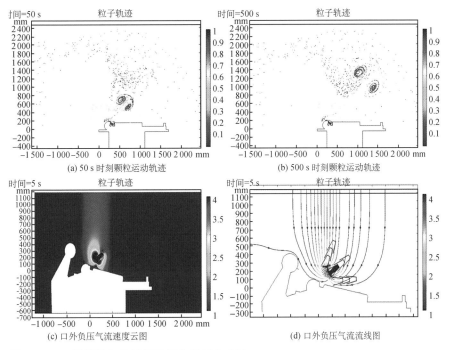

图 4-35 口腔医院气流组织模拟分析部分成果

4.11　施工图设计竖向净空分析

4.11.1　目的和价值

在施工图设计阶段,经过碰撞检测和三维管线综合调整后,对建筑物最终的竖向设计空间进行检测分析,进一步优化机电管线排布方案,优化各专业模型,获得最优的净空高度,以此指导工程施工。

4.11.2　应用内容

(1) 优化强弱电、给排水、空调、热力、动力、消防、医用气体、垃圾被服及物流系统等综合管线,通过计算机自动获取各功能区内的最不利管线排布情况,绘制各区域机电安装净空区域图。

(2) 将管线综合调整后的各专业 BIM、相应深化后的 CAD 文件、竖向净空分析报告等成果文件提交给建设单位确认,若有局部不满足需求,则作进一步优化分析和调整,直至净空高度通过审核。

4.11.3　应用流程

(1) 收集数据,并确保数据的准确性,保证各专业系统齐全。对暂时缺少图纸的医疗专项或物流系统等内容,则需按照类似医疗卫生工程项目的管线选型预留安装空间及检修空间。

(2) 依据建设单位期望的净空高度方案,逐层、分区块核实需要净空优化的关键部位,如公共区域、走道、车道上空等。

(3) 应用 BIM 三维可视化技术调整各专业的管线排布模型,最大化提升净空高度。

(4) 审查调整后的各专业模型,确保模型准确。

(5) 将调整后的建筑信息模型以及优化报告、净高分析等成果文件提交给建设单位确认。其中,对二维施工图难以直观表达的造型、构件、系统等提供三维透视和轴测图等三维施工图形式辅助表达,为后续深化设计、施工交底提供依据。

4.11.4　应用范例

【范例4-17】　某市部分市级医院建设项目典型部位净空分析

表 4-4 整理了某市市级医院建筑典型部位的竖向净空分析,为类似工程

管线优化布局以满足净空高度提供参考范例。

表 4-4　各类医院典型部位的竖向净空分析（范例）

项目名称及功能区域	净高相关数据		剖面展示
某医院病房综合楼改扩建工程项目 六层手术室外洁净走道	楼层高度	5.2 m	 P_J_给水DN25 FL+4.400 mm RJ-生活热水供水DN25 FL+4.400 mm P_J_给水DN32 FL+4.400 mm RJ-生活热水供水DN32 FL+4.400 mm 安防线槽 100×100 FL+4.500 mm 综合布线线槽 200×100 FL+4.300 mm ZP-喷淋DN80 FL+4.300 mm F_HY-消火栓DN200 FL+4.300 nm 7F-S(29.250)　29.300　7F 29 250 M_SA_送风 630×500 FL+3 550 mm M_RA_回风 630×400 FL+3 550 mm M_SE排烟 800×630 FL+2 770 mm 4 620　2 600 6F　24.100　6F 24 100
	梁底净高	4.62 m	
	管线排布占用空间	2.02 m（洁净空调送风管 500 mm；排烟管 630 mm；保温、安装空间及吊顶 640 mm）	
	管底净高	2.60 m	
某医院病房综合楼改扩建工程项目 六层 Ⅰ 级手术室	楼层高度	5.2 m	 VAC-负压管DN50 FL+4.100 mm AIR-空气管DN25 FL+4.100 mm O_2-氧气DN20 FL+4.100 mm N_2-氮气DN25 FL+4.100 mm CO_2-二氧化碳DN15 FL+4.100 mm M_SA_送风 630×400 FL+3 300 mm M_RA_回风 500×400 FL+3 800 mm 7F-S(29.250)　29.300 29 250 M_EA排风 250×250 FL+3 800 mm 4 400　3 000 6F　24.100 24 100
	梁底净高	4.40 m	
	管线排布占用空间	1.40 m（送风管、回风管 400 mm；吊顶、保温、风口及送风静压箱 600 mm）	
	管底净高	3.00 m	

（续表）

项目名称及功能区域	净高相关数据		剖面展示
某肺科医院肺部疾病临床诊疗中心及立体车库项目 地下一层水泵房区域走道（降板）	楼层高度	5.4 m	
	梁底净高	3.65 m	
	管线排布占用空间	1.10 m（排烟管400 mm；强电桥架 200 mm；保温及管线安装空间 350 mm）	
	管底净高	2.55 m	
某市肺科医院肺部疾病临床诊疗中心及立体车库项目 标准层病房区域走道	楼层高度	3.90 m	
	梁底净高	3.15 m	
	管线排布占用空间	0.55 m（新风管250 mm；桥架100 mm，保温及管线安装空间200 mm）	
	管底净高	2.60 m	

（续表）

项目名称及功能区域	净高相关数据		剖面展示
某第一人民医院新院区项目 地下二层车道	楼层高度	4.50 m	
	梁底净高	3.50 m	
	管线排布占用空间	1.0 m（排烟管630 mm；消防喷淋管150 mm；保温及管线安装空间170 mm）	
	管底净高	2.50 m	
某人民医院新院区项目 地下二层空压机房、气动物流机房、口腔废水处理间、进风机房等功能用房集中区域走道	楼层高度	4.50 m	
	梁底净高	3.50 m	
	管线排布占用空间	1.0 m（送风管630 mm；气动物流管150 mm；管线安装空间220 mm）	
	管底净高	2.45 m	

（续表）

项目名称及功能区域	净高相关数据		剖面展示
某第一人民医院新院区项目 地下一层车道（降板区）	楼层高度	6.60 m	
	梁底净高	3.90 m	
	管线排布占用空间	1.05 m（排烟排风管 630 mm；桥架消防管 150 mm；保温及管线安装空间 270 mm）	
	管底净高	2.85 m	
某医院北部院区二期扩建工程 地下室员工餐厅（降板区域）	楼层高度	4.20 m	
	梁底净高	3.35 m	
	管线排布占用空间	0.46 m（排烟管高 250 mm，风口为 GS 风口，桥架 150 mm，保温及安装空间 350 mm）	
	管底净高	2.89 m	

（续表）

项目名称及功能区域	净高相关数据		剖面展示
某医院北部院区二期扩建工程 地下室车道	楼层高度	4.20 m	
	梁底净高	3.25 m	
	管线排布占用空间	0.60 m（排烟管高 500 mm，喷淋主管 150 mm，桥架 150 mm，保温及安装空间 640 mm）	
	管底净高	2.65 m	
某医院内科医技综合楼建设项目 净化机房走道	楼层高度	3.60 m	
	梁底净高	2.80 m	
	管线排布占用空间	0.90 m（排烟管高 500 mm，空调水管 200 mm，桥架 150 mm，保温及安装空间 270 mm）	
	管底净高	1.90 m	

(续表)

项目名称及功能区域	净高相关数据		剖面展示
某医院内科医技综合楼建设项目 医生走道	楼层高度	3.80 m	
	梁底净高	3.15 m	
	管线排布占用空间	0.54 m(排烟管高 250 mm,空调水管 100 mm,保温及安装空间 300 mm)	
	管底净高	2.59 m	
某口腔病防治院新院区项目 地下室一层 车道(降板区域)	楼层高度	5.20 m	
	梁底净高	3.55 m	
	管线排布占用空间	0.6 m(排风排烟管高 550 mm,消防管 200 mm,桥架高 150 mm,支吊架空间 100 mm)	
	管底净高	2.95 m	

（续表）

项目名称及功能区域	净高相关数据		剖面展示
某口腔病防治院新院区项目 1层 门诊综合楼患者通道	楼层高度	5.40 m	 F-废水 F DN65 FL-1.245　　KWFYG-口外负压供水 KWFYG DN160 FL-1.400 YF-牙椅排水 F DN65 FL-1.188　　J-给水 DN20 FL-1.430 KWFYG-口外负压供水 KWFYH DN110 FL-1.226　　KWFYG-口外负压供水 KWFYG DNII0 FL-1.400 CT 200 mm×100 mm BL+4.100 KWFYG-口外负压供水 KWFYG DN160 FL+4.150　　5.400 2F J-给水 DN32 FL-1.430 SA送风 SA 1 600×600 BL+3.330 3.300 1F ±0.000　　±0.000 1F
	梁底净高	4.35 m	
	管线排布占用空间	1.05 m(口外负压供水管 160 mm, 送风管高 600 mm, 保温及安装空间 200 mm)	
	管底净高	3.30 m	
某口腔病防治院新院区项目 4层 门诊综合楼后勤走道	楼层高度	4.50 m	 CT 100 mm×100 mm BL+3.300 CT 100 mm×100 mm BL+3.300 CT 200 mm×100 mm BL+3.300 CT 200 mm×100 mm BL+3.300 CT 200 mm×100 mm BL+3.300 YF-牙椅排水 F DN65 FL-1.097 F-废水 F DN65 FL-1.102　　18.900 5F 0A 新风 0A 400 mm×200 mm BL+2.825 R-空调冷媒 R DN50 FL+2.850 CHS-空调冷热水供水ACHS DN70 FL+2.830 CHR-空调冷热水回水ACHR DN70 FL+2.830 J-给水 DN25 FL+2.850 2.800 14.400 4F
	梁底净高	3.45 m	
	管线排布占用空间	0.66 m(新风管高 200 mm, 桥架高 100 mm, 保温及安装空间 200 mm)	
	管底净高	2.80 m	

（续表）

项目名称及功能区域	净高相关数据		剖面展示
某第六人民医院骨科诊疗中心项目 地下室一层 核磁共振控制廊	楼层高度	7.00 m	
	梁底净高	5.58 m	
	管线排布占用空间	1.69 m（排烟管高 400 mm，喷淋管 200 mm，桥架高 200 mm，保温、风口及安装空间 300 mm）	
	管底净高	4.16 m	
某第六人民医院骨科诊疗中心项目 1 层 手术访客大厅	楼层高度	5.00 m	
	梁底净高	4.30 m	
	管线排布占用空间	1.05 m（排烟风管高 500 mm，桥架高 200 mm，保温、风口及安装空间 300 mm）	
	管底净高	3.26 m	

（续表）

项目名称及功能区域	净高相关数据		剖面展示
某第六人民医院骨科诊疗中心项目 3 层 病房楼病房走道	楼层高度	4.00 m	
	梁底净高	3.38 m	
	管线排布占用空间	0.73 m（排风管高 250 mm，喷淋主管 150 mm，保温、风口及安装空间 250 mm）	
	管底净高	2.65 m	
某市精神卫生新院区传染楼项目 4 层 后勤走道	楼层高度	3.90 m	
	梁底净高	3.00 m	
	管线排布占用空间	0.65 m（排烟管高 320 mm，桥架高 100 mm，保温、风口及安装空间 200 mm）	
	管底净高	2.35 m	

（续表）

项目名称及功能区域	净高相关数据		剖面展示
某市精神卫生新院区传染楼项目 5 层 病房走道	楼层高度	3.90 m	新风 FA 250 mm×120 mm BL+3.140 ZP-自动喷淋 ZP Dn100 FL+3.219 ZP-自动喷淋 ZP Dn80 FL+3.219 XH-消火栓 XH Dn150 FL+3.219 CT 100 mm×50 mm BL+3.250 CT 300 mm×150 mm BL+3.150 排风 EA 500 mm×200 mm BL+3.100 2670 排风 EA 500×250 BL+2.675 R-冷媒 R Dn50 FL+2.733 R-冷媒 R Dn50 FL+2.733 J-给水 J Dn40 FL+2.733 RG-生活热水供水 RG Dn40 FL+2.733 R-冷媒 R Dn50 FL+2.733
	梁底净高	3.35 m	
	管线排布占用空间	0.68 m（排风管高 250 mm，桥架高 150 mm，保温、风口及安装空间 200 mm）	
	管底净高	2.67 m	
某医院消化道肿瘤临床诊疗中心项目 地下二层 门诊楼放疗中心出入口（降板区域）	楼层高度	5.00 m	正压送风 1 250×400 H+2 750 Y-雨水 DN150 mm H+3 100 ZP-自动喷淋 DN100 mm H+2 800 ±-6.800 ±-7.000 -6.800 XH-消火栓 DN150 mm H+2 450 XH-消火栓 DN150 mm H+2 450 ZP-喷淋主管 DN200 mm H+2 470 ZP-喷淋主管 DN200 mm H+2 470 3 200 2 350 YY-压力雨水 DN100 mm H+2 775 YY-压力雨水 DN80 mm H+2 775 XH-消火栓 DN150 mm H+2 450 XH-消火栓 DN150 mm H+2 450 ±-11.800 -11.800
	梁底净高	3.20 m	
	管线排布占用空间	0.85 m（正压送风管高 400 mm，喷淋主管 200 mm，保温及安装空间 250 mm）	
	管底净高	2.35 m	

项目名称及功能区域	净高相关数据		剖面展示
某医院新院项目 病房楼七层医护走道	楼层高度	3.90 m	
	梁底净高	3.15 m	
	管线排布占用空间	0.79 m（排烟风管高度 300 mm，桥架高度 100 mm，保温及安装空间 310 mm）	
	管底净高	2.36 m	
某医院新院项目 病房楼七层医患走道	楼层高度	3.90 m	
	梁底净高	3.25 m	
	管线排布占用空间	0.75 m（排烟风管高度 300 mm，喷淋主管 150 mm，保温及安装空间 300 mm）	
	管底净高	2.50 m	

4.12 2D 施工图设计辅助

4.12.1 目的和价值

基于三维 BIM 进行 2D 施工图设计辅助，依据国家现行二维设计制图标准及 BIM 出图的相关导则，通过剖切 3D 模型获得平面、立面、剖面和节点等二维制图，消除各专业之间的冲突，保证出图的一致性、精确性，提升设计图纸质量，为后续设计交底、深化设计、施工等提供良好的依据。

4.12.2 应用内容

经过碰撞检测和管线综合、净空分析和优化，形成可用于指导施工的 BIM，以该 BIM 为基础，通过剖切的方式形成平面、立面、剖面和节点等二维断面图，可采用结合相关制图标准，补充相关二维标识的方式出图，或在满足审批审查、施工和竣工归档要求的情况下，直接使用二维断面图方式出图。对于复杂局部空间，宜借助三维透视图和轴测图进行表达。

4.12.3 应用流程

基于 BIM 的二维制图，遵循操作流程如图 4-36 所示。

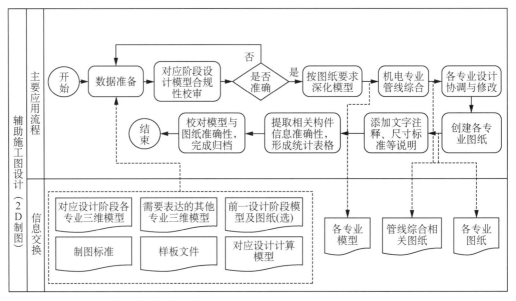

图 4-36 基于 BIM 的二维制图操作流程

4.12.4 应用范例

【范例4-18】 某市医院新院区国家级医学中心项目管线综合

某医院新院区项目,在地下一层 AD 轴交 2~6 轴走道,此走道位于医院急诊楼地下一层 PET/CT 区域,由于该区域管井较多,管线比较密集。楼层高度为 5.40 m;梁底净高为 4.55 m;经过 BIM 管线综合优化设计(图 4-37 和图 4-38),管线排布占用空间为 1.95 m(消防喷淋管 150 mm;排烟管 500 mm;正压送风管 500 mm;空调冷热供回水管 100 mm;保温及管线安装空间 700 mm);最终的管底净高为 2.60 m,相对于排布前净高提升了 300 mm。基于 BIM 三维模型辅助出图,获得 2D 深化剖面图指导施工单位安装管线(图 4-39)。

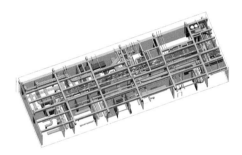

图 4-37 管线综合 BIM 三维图

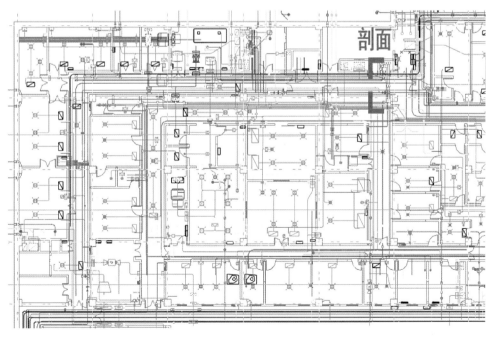

图 4-38 管线平面布置图(BIM 投影图)

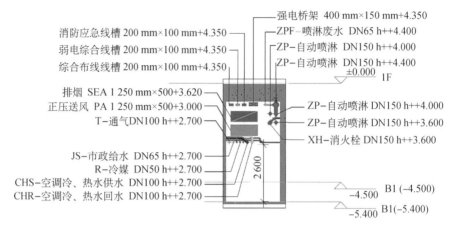

消防应急线槽 200 mm×100 mm+4.350
弱电综合线槽 200 mm×100 mm+4.350
综合布线线槽 200 mm×100 mm+4.350

强电桥架 400 mm×150 mm+4.350
ZPF-喷淋废水 DN65 h++4.400
ZP-自动喷淋 DN150 h++4.000
ZP-自动喷淋 DN150 h++4.400
±0.000 1F

排烟 SEA 1 250 mm×500+3.620
正压送风 PA 1 250 mm×500+3.000
T-通气 DN100 h++2.700

ZP-自动喷淋 DN150 h++4.000
ZP-自动喷淋 DN150 h++3.600
XH-消火栓 DN150 h++3.600

JS-市政给水 DN65 h++2.700
R-冷媒 DN50 h++2.700
CHS-空调冷、热水供水 DN100 h++2.700
CHR-空调冷、热水回水 DN100 h++2.700

2 600

-4.500 B1 (-4.500)
-5.400 B1(-5.400)

图 4-39　管线布置剖面图（BIM 纵向剖切）

【范例 4-19】　某市第六人民医院骨科临床诊疗中心项目管线布置

　　某市第六人民医院骨科临床诊疗中心地下一层 T-K～T-G 轴交 T-5～T-8 轴走道,此走道位于六院门诊楼地下一层核磁共振/CT 区域,由于该区域管井较多,管线比较密集。楼层高度为 7.00 m;梁底净高为 5.85 m;经过 BIM 管线综合优化设计(图 4-40 和图 4-41),管线排布占用空间为 2.29 m(强电桥架高 200 mm,消防喷淋管 200 mm;新风管高 120 mm;正压送风管 400 mm;排风兼排烟风管 400 mm;保温及管线安装空间 570 mm);最终的管底净高为 3.56 m,相对于排布前净高提升了 300 mm。基于 BIM 三维模型辅助出图,获得 2D 深化剖面图指导施工单位安装管线(图 4-42)。

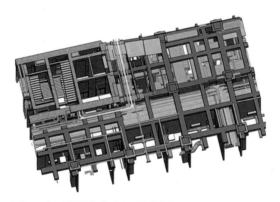

图 4-40　管线综合 BIM 三维图

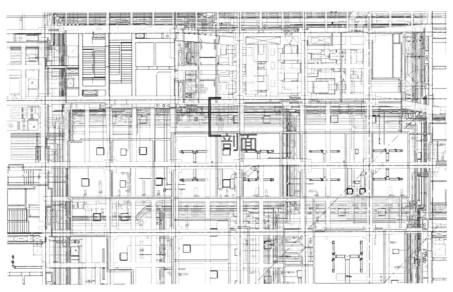

图 4-41　管线平面布置图（BIM 投影图）

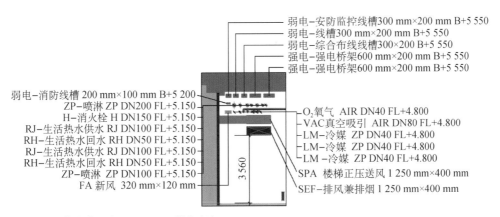

弱电-安防监控线槽300 mm×200 mm B+5 550
弱电-线槽300 mm×200 mm B+5 550
弱电-综合布线线槽300×200 B+5 550
强电-强电桥架600 mm×200 mm B+5 550
强电-强电桥架600 mm×200 mm B+5 550

弱电-消防线槽200 mm×100 mm B+5 200
ZP-喷淋 ZP DN200 FL+5.150
H-消火栓 H DN150 FL+5.150
RJ-生活热水供水 RJ DN100 FL+5.150
RH-生活热水回水 RH DN50 FL+5.150
RJ-生活热水供水 RJ DN100 FL+5.150
RH-生活热水回水 RH DN50 FL+5.150
ZP-喷淋 ZP DN100 FL+5.150
FA 新风　320 mm×120 mm

O₂氧气　AIR DN40 FL+4.800
VAC真空吸引　AIR DN80 FL+4.800
LM-冷媒　ZP DN40 FL+4.800
LM-冷媒　ZP DN40 FL+4.800
LM -冷媒　ZP DN40 FL+4.800
SPA 楼梯正压送风 1 250 mm×400 mm
SEF-排风兼排烟 1 250 mm×400 mm

3 560

图 4-42　管线布置剖面图（BIM 纵向剖切）

4.13　施工图造价控制与价值工程分析

4.13.1　目的和价值

为了使医院项目获得最佳的技术经济效益,应用施工图设计阶段的 BIM,进行工程量计算和分析,辅助造价控制,并且可进行价值工程分析,用以优化相关分部分项工程设备、材料的选择应用,达到良好的性价比。

4.13.2 应用内容

(1)依据施工图设计阶段的建筑、结构及机电专业模型进行工程量计算。

(2)基于 BIM 的工程量进行施工图招标的造价控制与分析。

(3)基于 BIM 计算施工图设计阶段的建筑、结构及机电各专业系统的价值,测算建筑全寿命期成本,并且分析建筑各功能空间和专业系统实现的功能,进行该设计阶段的价值工程分析。

4.13.3 应用流程

(1)数据收集。收集工程量计算和计价需要的模型和资料数据,并确保数据的准确性。

(2)确定规则要求。根据招投标阶段工程量计算范围、招投标工程量清单要求及依据,确定工程量清单所需的构件编码体系、构件重构规则与计量要求。

(3)编码映射。在用于招标的施工图设计模型基础上,确定符合工程量计算要求的构件与分部分项工程的对应关系,并进行工程量清单编码映射,将构件与对应的工程量清单编码进行匹配,完成模型中构件与工程量计算分类的对应关系。

(4)完善构件属性参数。完善预算模型中构件属性参数信息,如"尺寸""材质""规格""部位""工程量清单规范约定""特殊说明""经验要素""项目特征""工艺做法"等影响工程量清单计算的相关参数要求。

(5)形成施工图预算模型。根据工程量清单统计的要求设定工程量清单计算规则,在不改变原设计意图的条件下进行构件重构与计算参数设置,以确保构件扣减关系准确,最终生成满足招投标阶段工程量清单编制要求的"施工图预算模型"。

(6)编制工程量清单。按招标工程量清单编制要求,进行工程量清单的编制,完成工程量的计算、分析、汇总,导出符合招投标要求的工程量清单表,并详述"编制说明"。可利用工程量清单、定额、材料价格等计算最高投标限价。

(7)施工图预算工程量计算和编制。施工单位在施工准备阶段,可深化施工图模型和预算模型,利用审核确认的模型编制更细化工程量清单和精确工程量,配合进行目标成本的编制、招采与资源计划的制订。

(8) 依据各分部分项工程的工程量及造价预算,进行价值工程分析,可优化相关分部分项工程的设备、材料的选择应用,达到良好的性价比。

4.13.4 应用范例

【范例4-20】 某市医院内科医技综合楼项目工程量计算

某医院内科医技综合楼项目施工图设计阶段 BIM 工程算量分析报告:根据施工图设计预算的需求安排,BIM 咨询单位在施工图设计阶段对该项目的土建部分及桩基维护部分进行了 BIM 工程算量。基于设计院提供的"20180810 及 20180820 施工图送清单版施工图"图纸对建筑结构、机电各专业进行了建模,模型如图 4-43 所示。

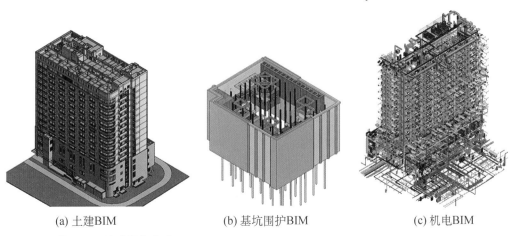

(a) 土建BIM   (b) 基坑围护BIM   (c) 机电BIM

图 4-43 施工图设计阶段各专业 BIM

施工图设计阶段各专业 BIM,通过 BIM 三维算量软件进行了土建部分及基坑围护部分工程算量并统计制表,旨在通过 BIM 三维算量提高施工图预算的精度,减少模型或图纸在算量时产生的误差,为工程投资和造价控制提供参考。计算主要结果如下。

(1) 结构部分工程量:混凝土总量为 17 528.19 m³,其中 C35 的混凝土有 14 886.13 m³,C45 的混凝土有 698.42 m³,C55 的混凝土有 1 943.64 m³。

(2) 建筑部分工程量:混凝土砌块墙体总量为 7 537.18 m³,门窗工程总量为 6 055.95 m²。

(3) 基坑围护部分工程量:围护工程地下连续墙总量为 45 681.68 m³,工法桩总量(含槽壁加固)为 5 598.77 m³,坑内加固总量为 21 576.2 m,围护钻孔灌注桩总量为 2 112 m;桩基工程总量为 8 748.3 m。

(4)给排水部分工程量:给水系统不锈钢管总量为 4 930.9 m,内衬不锈钢复合管总量为 5 523.9 m;排水系统 HDPE 双壁中空超静音管总量为 3 347.2 m,HDPE 耐压排水管总量为 771.2 m,衬塑钢管总量为 116.8 m;喷淋管道总计 12 352.3 m,消防管道总计 1 520.0 m。

(5)暖通部分工程量:暖通系统镀锌钢板量为,排风管总计 4 365.3 m²,新风管总计 3 505.4 m²,正压送风系统总计 1 544.3 m²,回风管总计 224.3 m²,防排烟管总计 1 767.1 m²;暖通水系统 20♯无缝钢管总计 2 616.9 m,Q-235A 镀锌钢管总计 2 806.3 m,热镀锌钢管总计 3 700.8 m,气液管总计 2 286.9 m。

(6)电气部分工程量:线槽总量为 314.6 m,桥架总量为 3 348.7 m。

依据 BIM 获得的工程量,依次进行工程造价计算和控制,辅助价值工程分析,以达到最佳的施工图预算招标实施方案。

4.14 特殊设施模拟分析

4.14.1 目的和价值

医院作为的特殊公共场所,每天都会涌入大量车辆,尤其是处于闹市区的医院,"停车难"的现象尤其突出,这是医院后勤管理部门亟需解决的问题。智能化机械式停车库成为目前常见的特殊功能设施纳入项目建设过程中,通过 BIM 技术的模拟分析,优化此类设施的建设方案,有利于促进医院建筑乃至整个院区的高效、安全运营。

4.14.2 应用内容

针对诸如智能化机械式停车库、大型机房(设备层)等特殊设施,开展模拟与仿真分析。依据模拟分析结果,进行设备选型,并初步确定设施安装、维护、更换等全生命期运营管理的相关实施方案。

4.14.3 应用流程

(1)收集数据,并确保数据的准确性。主要包括:应用无人机航拍技术,构建整个医院院区的建筑和道路布置 BIM,形成机械式车库相通的交流系统环境背景;调研医院交通影响因素,包括医院交通平面流线、车位分布情况、现有车库设施情况和车辆进出数量统计情况(早晚时间段、不同月份);调研设备供应商及产品应用情况,包括类似工程项目应用情况。

(2)选用交通模拟分析软件,将 BIM 导入或新建软件系统,并输入相关交通信息,进行车库运营仿真模拟分析。

(3)依据模拟分析结果,结合调研产品供应商情况,进行设备选型。

(4)初步确定机械式停车库系统后,进一步与供应商对接,向 BIM 模拟分析系统输入更详细的参数,进行设备设施运营模拟分析,确定设施运营实施方案。

4.14.4 应用范例

【范例 4-21】 某市肺科医院立体车库项目停车模拟分析

某市肺科医院立体车库项目,是在既有院区内独立的新建设项目,目的是有效解决院区"停车难、等候长、交通堵"的问题。该车库能容纳 186 辆车,建筑空间尺寸为:长 56.4 m,宽 18.7 m,地上三层标高至 8.7 m,地下三层标高至 -7.2 m。在地上一层设置了 2 个入口和 2 个出口(图 4-44),都可 360°旋转载车。

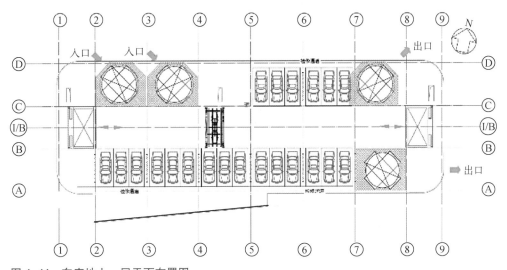

图 4-44 车库地上一层平面布置图

该项目应用 BIM 技术,从车库内部到院区交通进行全方位模拟分析(图 4-45、图 4-46),充分应用 BIM 的可视化、参数化和可模拟性等特点,从而为肺科医院智能化立体车库建设提供最优方案。

图 4-45　基于 BIM 的智能化立体车库动画模拟

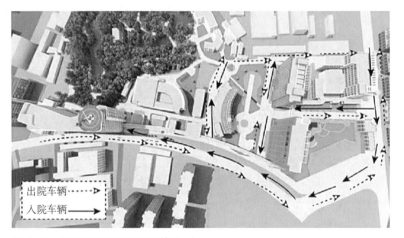

图 4-46　院区交通 BIM 模拟截屏

　　在车库 BIM 中,精细化构建车辆出入口设置。智能化立体车库出入口门厅具备 360°旋转功能,依据 BIM 的模拟分析,对医院内车辆进出的高峰期,可自动设定时段关闭或开启,改善医院"停车难、等候长、交通堵"以及就医压力等问题。基于 BIM 的智能化立体停车库系统,可设置合理的车库门厅开启时段、旋转角度及车辆流线,有助于设计选择最优方案。

　　依据智能化车库周边的交通情况,在 BIM 中考虑两种立体车库建设方案,即方案一[图 4-47(a)]和方案二[图 4-47(b)]。方案一在车库北侧设置 4 个车辆出入口,单向进口 1 个,双向进出口 2 个,单向出口 1 个;方案二在车库北侧分别设置 3 个车辆出入口,单向进口 1 个,双向进出口 2 个,东南角设置 1 个车辆单向出口。

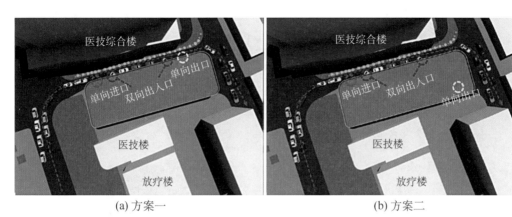

(a) 方案一　　　　　　　　　　　　　(b) 方案二

图 4-47　智能化立体车库进出口设置方案

　　BIM 模拟分析结果表明,在智能车库车辆搬运间隔 2 min/辆 的前提下,若车辆车速为 10 km/h,则车辆离院时间:方案一需要 206 s,方案二需要 122 s。显而易见,方案二的车库出入口设置,更利于改善肺科医院院区的交通状况。

【范例 4-22】　某市胸科医院科研综合楼项目机械式停车库模拟分析

　　某市胸科医院的机械式停车库设计在科研综合楼的三层地下室中,建筑面积 5 340 m²,机动车位 169 辆,全部为智能化机械地下停车位。在建筑方案设计阶段,构建了停车库 BIM(图 4-48)和移动平台 BIM(4-49),采用 BIM 结合渲染动画技术对机械车库运营方案中典型工况进行了动画模拟,主要包括单列车的入库模拟(图 4-50)和重列车的出库模拟(图 4-51)。

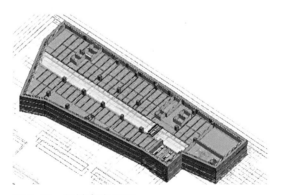

图 4-48　机械车库 BIM

(a) 横向移动平台BIM   (b) 移动车辆移板   (c) 车辆升降平台BIM

图 4-49　移动平台 BIM

图 4-50　单列车的存放

(a) 重列车出库先取出外侧车辆   (b) 将外侧车辆转移至调拨车位

(c) 将重列车移出

图 4-51　重列车的存放

通过对车辆进出机械车库的三维动画模拟,得出以下结论。

(1) 通过 BIM 三维建模和模拟,可以清晰校核车辆入库排布与混凝土结构(梁、板、柱)之间的空间关系,尤其考虑对混凝土柱的影响,调拨车辆只能采用抽取式的滑移,需首先移出位于重列车外侧的车辆,然后才能移除内侧的,据此更直观了解存取车的工作原理。

(2) BIM 三维模型的精确定位,为选用机械设备提供精确的几何参数,为后期在混凝土结构上设置预埋铁件提供技术基础。

(3) 基于现有的动画模拟,可以反馈机械设备的参数要求,优化运行动作的计算机程序设计。为获得最短存取车辆的时间,建议机械设备系统应遵守以下几个原则:①取车卡应通过系统标识车牌号作为取车依据;②调拨车位应由系统依据算法控制,而不能事先固定于某一位置;③存取车辆设置优先顺序,单列车位最优,重列车的内侧次之,重列车位的外侧最后停车。

(4) 若基于上述原则改进设备控制系统的程序设计,可使最不利存取重列车位车辆的时间小于 277 s。

【范例 4-23】 某大学附属医院分院院区物流专项设计分析

某大学附属医院分院实施全院物流整体解决方案。在本项目的设计和施工阶段,通过物流系统 BIM 转化深化设计,模拟轨道、气动管道、垃圾被服/厨余管道、AGV 专用通道以及其他专业之间的建筑设计逻辑关系,测试设计路径碰撞冲突点,深入并调整优化设计物流系统路径,有效指导现场施工。

(1) 轨道、气动物流系统 BIM,如图 4-52 所示。

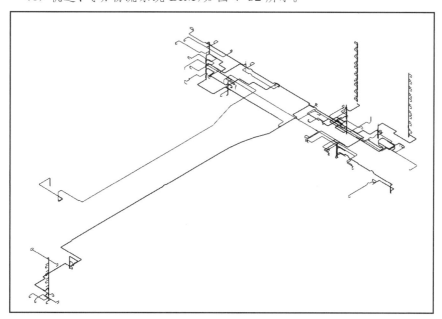

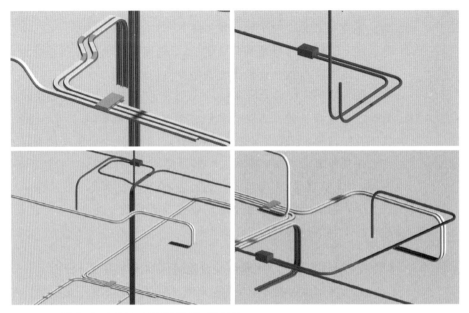

图 4-52　轨道、气动物流系统模型及细部展现

（2）垃圾被服收集系统，如图 4-53 所示。

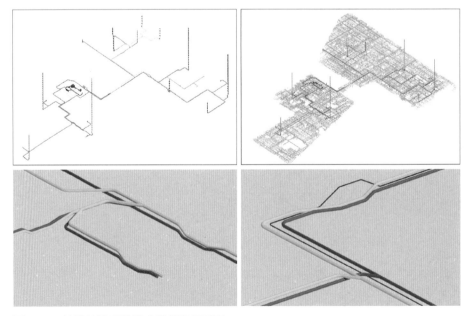

图 4-53　垃圾被服系统模式及管细部展现

（3）BIM指导各物流系统设计及施工。

建模完成后，与机电专业深化配合工作，完成BIM出图给深化人员，并落实到深化图上，指导设计及施工。例如，垃圾被服管预留的空间跟排风风管碰撞，经过与机电专业配合，BIM深化人员根据现场情况调整垃圾被服管，从模型上避开排风风管，并落实到深化图上，指导现场施工，如图4-54所示。同样，物流厨余管线与机电风管在夹层区域碰撞，经过BIM人员与机电专业配合，根据现场施工情况调整厨余管线，从模型上避开与机电风管碰撞，并落实到深化图上，指导现场施工。

图 4-54　垃圾被服管与机电碰撞优化

根据现场施工工艺制作机房的BIM施工流程示意图，有效指导现场按流程施工，减少各施工方的沟通阻碍，提高施工效率，如图4-55所示。

（4）AGV导车机器人物流系统BIM模拟与优化。

AGV通道与机电管线垂直交叉密集，因AGV通道的特殊性，最低运行净高要求为1800mm，前期机电管线与AGV通道垂直交叉，预留运行空间仅有400mm，不满足AGV通道的运行规范要求，因此机电管线需要利用梁窝空间上翻，以保证AGV通道的净高要求，如图4-56所示。

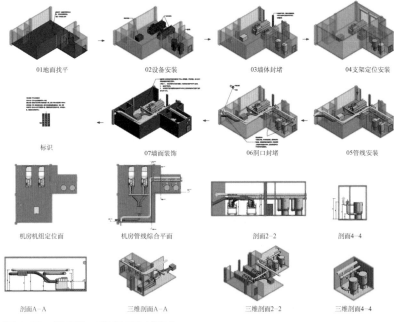

图 4-55　机房施工流程 BIM 模拟

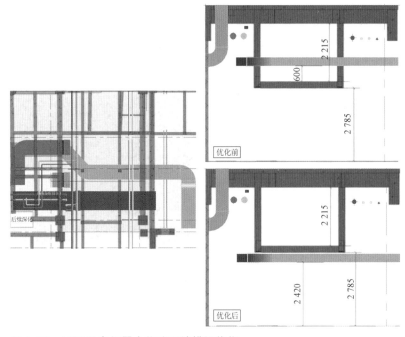

图 4-56　AGV 导车机器人物流系统模拟优化

4.15 特殊场所模拟分析

4.15.1 目的和价值

为了满足医院特殊场所精细化、面向运营管理的设计需求,应用 BIM 技术进行模拟分析,辅助设计优化,从而达到特殊场所的运营安全性和舒适性。

4.15.2 应用内容

针对诸如大型会议室、医院食堂、公共空间、手术室和病房等人流密集空间以及洁净空间等特殊场所,开展人流疏散模拟、空气动力学等专业分析。据此,优化空间布局、疏散廊道、垂直交通和机电等设计。

4.15.3 应用流程

(1)收集数据,并确保数据的准确性。主要包括医院特殊场所的人流情况、基础设施和专业要求等相关信息。

(2)选用消防疏散模拟、气流分析等软件,将 BIM 导入或新建软件系统,并输入相关人流信息,进行特殊场所仿真模拟分析。

(3)依据模拟分析结果,优化特殊场所的建设方案、人流管理或施工方案。

4.15.4 应用范例

【范例 4-24】 某市胸科医院科研综合楼项目消防疏散分析

为了探究胸科医院科教综合楼项目十三楼(针对 250 人的大会议室)和建筑整体发生灾情时人员疏散所需时间以及空间设计优化方案,经过合理比较,现采用国内外最广泛运用的火灾和人员逃生模拟软件,结合方案设计阶段完成的 BIM 对人员行为进行模拟,以便对设计和运维管理提出较为合理的建议。

对于 F13 大会议的疏散模拟中,共设置 280 个需要疏散人员,大会议室250 个参会人员,其他区域零星散布 30 个工作人员。移动速度平均为 2 m/s,肩宽平均为 45.58 cm。根据行为模拟分析得出,F13 所有人员疏散(完全撤离F13)共需要 2 min 50 s。如图 4-57 所示,其中在第一阶段人员密集主要区域集中在大会议室的 5 个疏散门周围。

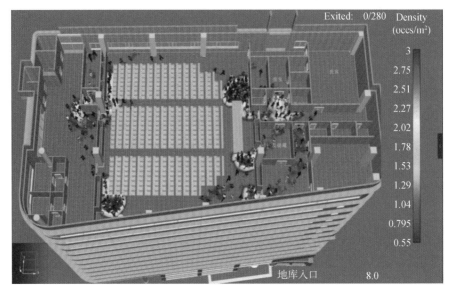

图 4-57　F13 大会议的疏散模拟

通过 BIM 与专业软件结合进行模拟,对于建筑物的疏散要求给出以下建议:

(1)增加 F13 东侧走廊空间,避免在紧急情况下发生踩踏事件。

(2)F13 东、西两侧疏散时间相差较大,应在地面设置疏散导视标识,引导人员分区疏散,使东西两侧完成疏散的时间基本相等,从而使得 F13 总体疏散时间最短。依据模拟分析结果,可以缩短近 1 min 的疏散时间。

(3)时刻保持南侧连廊畅通,从而确保在发生紧急情况时能缩短疏散时间。

【范例 4-25】　某市大学附属医院二期工程手术部 BIM 综合应用

某附属医院总院二期工程内中心手术部项目位于医技楼四层,设手术室 27 间,其中百级 7 间、万级 20 间;手术设备机房位于医技楼五层,面积约为 2 000 m²。

如图 4-58 所示,四层手术部区域在基础模型上结合净化手术部深化设计图纸,进行了管线综合、风管优化、净高分析和天花综合排版。

手术间通过 CFD 进行定向气流组织模拟(图 4-59),优化出、回风口布置(图 4-60)提高换气效率,降低满足洁净需求时的设备功率,优化风管选型,从而起到节约物料与节能的目的。

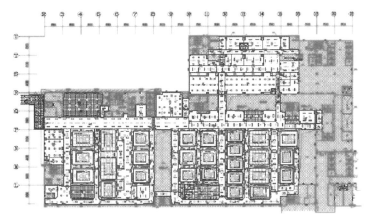

(a) 四层手术部管道综合图

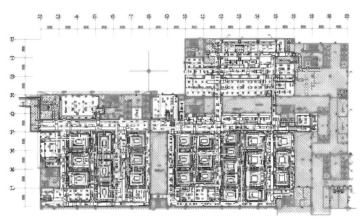

(b) 四层手术部风管图

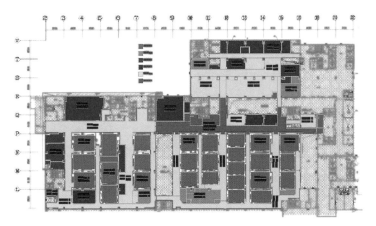

(c) 四层手术室净高分析

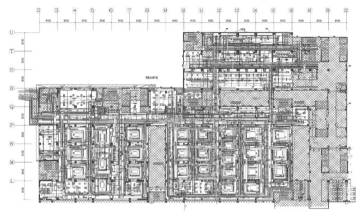

(d)四层手术室天花综合排版

图 4-58 手术部管线综合、风管优化、净高分析、天花综合排版应用

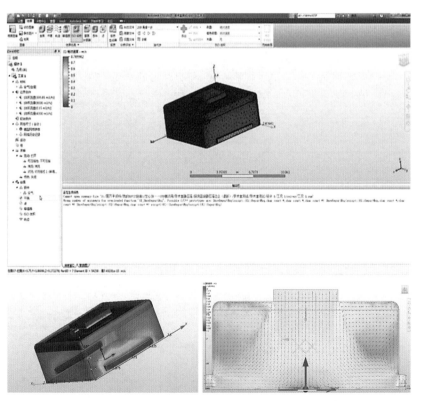

图 4-59 四层手术室 CFD 定向气流组织模拟

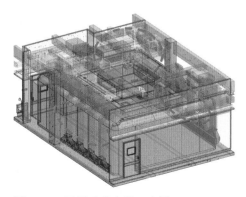

图 4-60 四层手术室风口布置

　　五层手术部设备机房内设备、管线繁多,为了满足多专业协同、精细化施工的需要,根据手术部施工图及设备材料选型,建立参数化模型和专业材质库(图 4-61),建立机电全专业综合模型(图 4-62、图 4-63)。

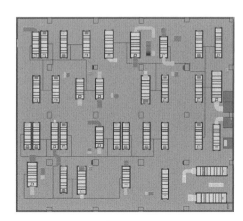

图 4-61　设备模型

图 4-62　机房机组平面布置图

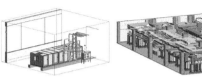

图 4-63　机房管线排布

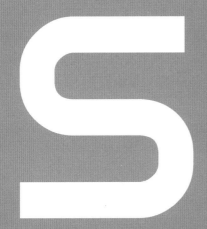

施工阶段应用

施工阶段可细分为施工准备阶段和施工实施阶段。施工准备阶段的主要工作内容是统筹安排施工力量和施工现场,使工程具备开工和施工的基本条件。在该阶段,BIM 技术应用价值主要体现在既有建筑的拆除方案模拟、市政管线规划及管线搬迁方案模拟、施工深化设计辅助及管线综合、施工场地规划、施工方案模拟及优化和预制构件深化设计等方面。而在施工实施阶段,BIM 技术应用价值主要体现在基于 BIM 技术的 4D 施工模拟及进度管理辅助、工程量计量及 5D 造价控制辅助、设备管理辅助、材料管理辅助、设计变更跟踪管理、质量管理跟踪、安全管理跟踪、竣工 BIM 构建和开办准备管理等方面。作为一类典型的复杂工程,利用 BIM 技术优势,可以帮助项目管理者控制施工进度、节省投资费用、提高工程质量、保证施工安全以及减少决策失误的风险,并最终实现精益建设目标,为项目增值服务。

5.1 既有建筑的拆除方案模拟

5.1.1 目的和价值

在现有院区内新建项目,往往要拆除原有建筑,这就需要应用 BIM 技术精细模拟分析既有建筑的拆除方案,以确保安全拆除旧建筑,满足院区其他楼宇的正常运营,保证"边施工边运营,施工不停诊"。在 BIM 模拟分析拆除全过程中,还需考虑噪声、扬尘、光污染等因素,采取适当控制措施,做好维稳工作和环境保护工作,最大限度地减少对周边环境尤其是院区诊疗环境的影响。

5.1.2 应用内容

(1)依据项目场地内的既有建筑特征,构建既有建筑的结构专业和建筑专业模型,如需要,也可构建医用设备设施及机电专业模型。

(2)依据拆除施工方案,制作逆向 4D 拆除模拟施工视频。通常,依次拆除医用设备、医用气体、机电设备、建筑构件、结构构件。施工方案需关注安全、噪声、扬尘等控制措施,减少拆除施工对医院内住院病人、院区项目附近居民等人员的影响,做好维稳工作。

5.1.3 应用流程

(1)收集数据,并确保数据的准确性,包括待拆除建筑的图纸、内部机电、医用设备设施等系统情况。

（2）构建既有建筑的建筑结构 BIM（精度要求无需过高）。

（3）基于 BIM 模拟分析院区交通流线、行人及医用家具等物品搬运流线、施工设备流线和垃圾清运流线，依据"流线间干扰最小"原则，进行优化实施方案。

5.1.4 应用范例

【范例5-1】 某市第一人民医院北院区项目拆除旧建筑模拟分析

为新建某市第一人民医院眼科诊疗中心，在北院区拆除 6 号楼、7 号楼、8 号楼、9 号楼和 10 号楼，共计 5 幢旧建筑，应用 BIM 技术"逆向4D"模拟分析，实现边施工边运营，保证"施工不停诊"。

通过 BIM 模拟及施工空间分析，提前布置预览沿街保护措施，确保拆除施工安全。如图 5-1 所示，其一先进行拆除施工的各阶段流线分析：BIM 模拟辅助安排拆除施工区域现场的交通流线、施工设备流线、垃圾清运流线和行人及搬迁流线，优化流线的路径及运动时间，减少流线之间的相互干扰，保证不影响医院正常运行和周边居民正常作息。

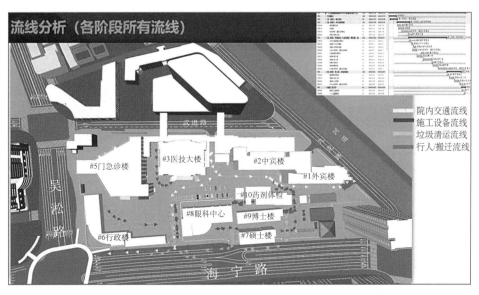

图 5-1 拆除施工的各阶段流线分析

其二，在拆除期间，由于涉及既有楼宇物品搬运及不间断运营的需求，总体拆除施工时间可延续 6 个月左右，因此院方要求应用 BIM 模拟分析及规划场地临时用作停车场，从而缓解院区内"停车难"的压力。如图 5-2 所示的BIM 模拟分析表明：北院区内原有车位约 70 个；6 号楼拆除清运完后转为停车场,可增加约 100 个停车位;整体全拆除并清运完成后转为临时停车场,约增加 300 个停车位。

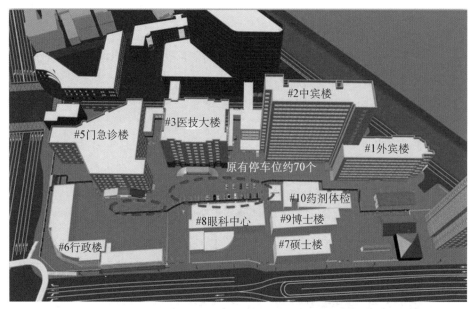

(a) 拆除前停车位约70个

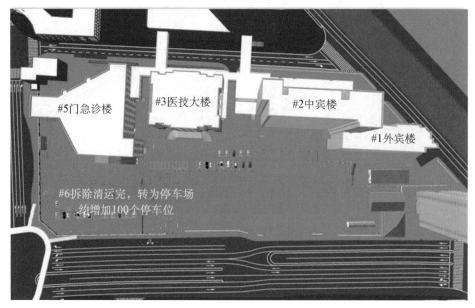

(b) 6号楼清运后,约增100个停车位

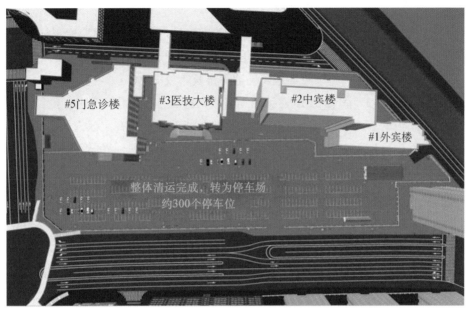

#5门急诊楼　#3医技大楼　#2中宾楼

#1外宾楼

整体清运完成，转为停车场
约300个停车位

(c) 整体清运后，约增300个停车位

图 5-2　BIM 模拟分析拆除过程中的停车布置

5.2　市政管线规划及管线搬迁方案模拟

5.2.1　目的和价值

为了保证新建医院项目的水、暖、电和医用气体等管线能与室外市政管线顺利融合，应用 BIM 技术构建管线模型，模拟分析院区市政管线规划，并编制既有管线的搬迁方案，基于 BIM 模拟相关实施方案。

5.2.2　应用内容

（1）对新建医院项目场地及周边的市政管线进行物探检测，精确获得市政管线实际布局信息，并据此构建市政管线的 BIM。

（2）构建新建项目的市政管线 BIM，进行优化分析，融合新旧市政管线 BIM，实现新建项目与既有市政管线对接。

（3）如必要，模拟管线搬迁实施方案，并进行优化分析，考虑"施工不停诊"的院区运营需求。

5.2.3 应用流程

（1）收集数据，并确保数据的准确性，包括应用物控检测技术进行新建项目场地及周边的市政管线信息收集和图纸绘制情况。

（2）构建项目场地及周边的市政管线 BIM。

（3）基于 BIM，对拟建项目进行施工范围的规划，对地下工程围护结构以内的市政管线规划搬迁方案，并优化待搬迁管线在院区内的布局。

（4）基于 BIM 模拟市政管线搬迁实施方案，保证管线搬迁施工对医院正常运营的影响最小。

5.2.4 应用范例

【范例5-2】 某市第一人民医院北院区项目市政管线搬迁模拟分析

由于某市第一人民医院新建眼科临床诊疗中心，故而引起院区内市政管线规划及管线搬迁工作。新建眼科临床诊疗中心场地内的旧管线与门诊楼、医技楼、中宾楼和外宾楼的联系非常紧密，为了不影响这些楼宇的正常运营，在场地内首先进行物探和 BIM 建模（图5-3），然后依据各类管线的 BIM 进行规划和优化，制订管线搬迁方案，并且综合考虑新建楼宇的室外市政管线布置需求，重点解决6处管线布置难点区域（图5-4）。例如，医技楼前复杂管网节点（图5-5），蓄水池和化粪池 BIM 排布，结合周围管线空间分析，预留空间场地位置。管线埋深较浅（最浅污水管 1.45 m），地下室顶板为医疗设备用房上方，标高复杂，结合 BIM，进行新旧管线协调分析，确定最优排布方案，即改造版的市政管线 BIM（图5-6）。

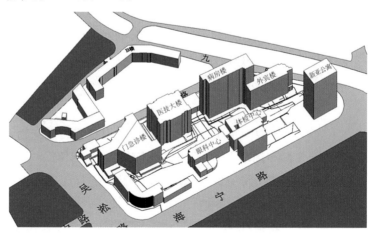

图5-3　院区内市政管线 BIM 综合协调模型（勘察版）

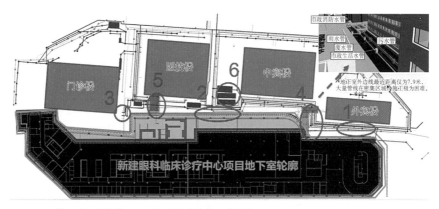

图 5-4　基于市政管线 BIM 的重点规划区域分析

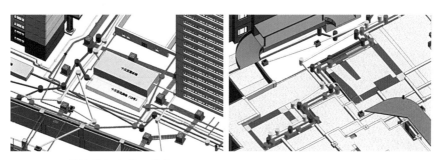

图 5-5　医技楼前复杂管网节点

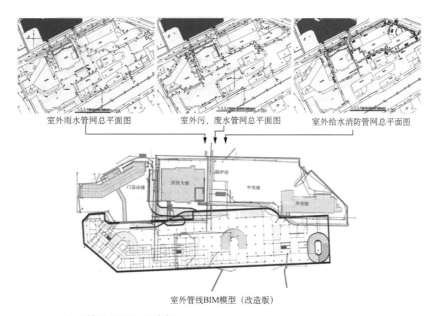

图 5-6　市政管线 BIM(改造版)

改造设计阶段眼科诊疗中心的 BIM 搭建完成后,以此 BIM 为依据协同设计和施工单位进行搬迁改造管线排布可行性分析。最后编制基于 BIM 的市政管线搬迁与改造实施方案(图 5-7),施工对室外管网搬迁改造期间 6 个施工阶段的施工围挡区域和施工期间车流及建筑入口位置进行标注和分析,协助院方在施工前提前对场地车流及人流进行管理,获得良好的实施效果。

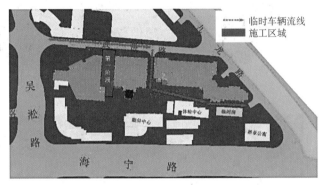

(a) 第一阶段

(b) 第二阶段

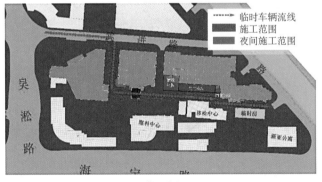

(c) 第三阶段

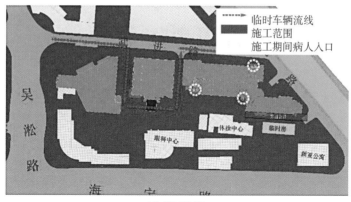

(d) 第四阶段

(e) 第五阶段

(f) 第六阶段

图 5-7 基于 BIM 的市政管线搬迁与改造实施方案

5.3　施工深化设计辅助及管线综合

5.3.1　目的和价值

目的是提升深化后建筑专业、结构专业、机电专业及医疗专项 BIM 的准确性和可施工性，将施工操作规范与施工工艺融入施工作业模型，并进一步进行管线综合，以使施工图深化设计模型满足施工作业指导的需求。

5.3.2　应用内容

（1）结合施工现场的实际情况，将施工规范与施工工艺融入施工作业 BIM，提升深化后 BIM 模型的实用性。

（2）随着机电设备、医用设备的选型及各类管线的深化设计，进一步基于 BIM 开展管线综合及碰撞分析，优化施工作业模型，生成管线施工图，包括关键部位的管线断面布置图、节点图，以指导管线施工。

5.3.3　应用流程

（1）收集数据，并确保数据的准确性，包括施工图设计模型、施工图纸、施工现场条件、机电专业及医疗专项设备选型等内容。

（2）施工单位依据设计单位提供的施工图和施工图设计模型，根据自身施工特点及现场情况，完善建立深化设计模型。该模型应该根据招投标文件约定，输入实际采用的材料、设备、产品的基本信息，进行模型深化。

（3）结合医院项目的功能特征，基于 BIM 分析施工的合理性和可行性，并作相应的调整优化，随后对优化后的模型实施碰撞检测和管线综合，生成施工深化设计模型。

（4）施工深化设计模型通过建设单位、设计单位、相关顾问单位的审核确认，最终生成可指导施工的三维图形文件及二维深化施工图，包括平面图、剖面图和节点图。

施工深化设计 BIM 应用操作流程如图 5-8 所示。

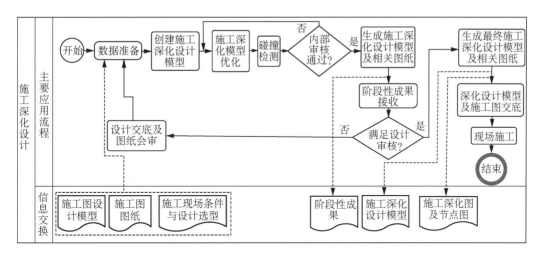

图 5-8　施工深化设计 BIM 应用操作流程

5.3.4　应用范例

【范例 5-3】　某市第六人民医院骨科临床诊疗中心项目手术层的深化设计辅助及管线综合

在某市第六人民医院骨科诊疗中心的各种功能空间之中,手术层的机电管理最为复杂,不仅包括常用水、暖、电和消防等机电管线,还包括各类医用气体、净化专业等机电管线。因此在骨科诊疗中心的深化设计过程中,应用 BIM 技术对手术层的各种手术室机电管线施工深化设计是项目管理的重点。

为满足医院骨科未来日渐增长的大量手术需求,在骨科诊疗中心的手术层设置在四层和六层,包含通仓融合创新型手术室,总共 36 间手术室,总建筑面积达 8 600 m²。同时,相较于传统医院手术室设计工艺,采用了手术设备层(五层)上下连接手术室设备的方式。该方式能够大量节约设备层所需面积,但同时也对手术室的深化设计以及与之配套的管线设计、施工都带来挑战。

在手术层结构施工完成后,手术层净化专业单位参与深化设计,在方案对接过程中,发现原招标的方案中手术室机电管线设计部分区域在手术室功能、手术室区域各专业设计协调性,以及综合机电管线施工问题中,均存在不同程度的问题。项目管理部组织设计院、净化专业单位、BIM 咨询单位、手术层使用部门、施工总承包单位及工程监理等参建单位,进行深入研究和讨论,对手术层的各种手术室进行深化和优化(图 5-9),提高手术层的建设品质,避免手术层在全生命期运营过程中存在隐患。

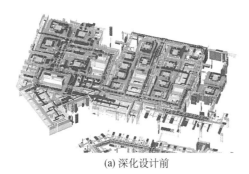

(a) 深化设计前　　　　　　　　　　　(b) 深化设计后

图 5-9　四层手术室机电专业深化设计模型对比

5.4　施工场地规划

5.4.1　目的和价值

为了对医院建设项目的施工现场进行合理布置，基于施工作业 BIM，对施工各阶段的场地地形、既有建筑设施、周边环境、施工区域、临时道路、临时设施、加工区域、材料堆场、临水临电、施工机械及安全文明施工设施等进行规划布置和分析优化，保证项目建设全过程能够顺利推进，实现精细化施工。

5.4.2　应用内容

（1）针对地下工程施工阶段、主体结构施工阶段、幕墙工程施工阶段、室内机电及装饰装修施工等阶段，分别构建施工场地规划 BIM，以保证施工作业的安全、顺畅和高效性。

（2）新建院区的医疗卫生建设项目，场地规划应充分考虑建设全过程（不同施工阶段）的车辆运输流线，最好保证沿场地形成环通的材料运输流线，利于组织施工车流；并且规划好现场办公场所，利于现场管理，且减少搬迁次数。

（3）在老院区内的医疗卫生建设项目，除了考虑项目建设的人流、车流、物流，还应模拟分析院区内正常运营的人流、车流和物流，使得流线的相互干扰降到最低，保证"施工不停诊"的良好就医环境。

5.4.3　应用流程

（1）收集数据，并确保其准确性，包括如规划文件、地勘报告、GIS 数据和电子地图等，并对拟建项目周边的建筑、道路等情况进行航拍和建模。

（2）根据施工图设计模型或深化设计模型、施工场地信息、施工场地规划、施工机械设备选型初步方案以及进度计划等，创建或整合场地地形、既有建筑设施、周边环境、施工区域、道路交通、临时设施、加工区域、材料堆场、临水临电、施工机械和安全文明施工设施等模型，并附加相关信息进行经济技术模拟分析，如工程量比对、设备负荷校核等。

（3）依据模拟分析结果，针对不同的施工阶段，选择最优施工场地规划方案，生成模拟演示视频，形成施工场地规划分析报告，提交施工部门审核。

（4）编制场地规划方案并进行技术交底。

施工场地规划 BIM 应用操作流程如图 5-10 所示。

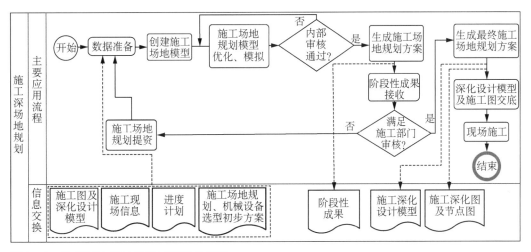

图 5-10　施工场地规划 BIM 应用操作流程

5.4.4　应用范例

【范例 5-4】　某市胸科医院科研综合楼项目施工场地规划模拟

由于施工场地狭小，施工环境复杂，科教综合楼在施工过程中的材料和设备如何进场、桩基工程的泥浆和土方工程的弃土如何出场，诸多问题均需要应用 BIM 技术进行模拟分析。其中，首要的模拟是施工场地 BIM 规划模拟。

1）场地规划模拟的内容

应用 BIM 技术进行施工场地规划模拟所涉及的主要内容包括：施工各阶段的场地地形、场地周边的市政管线（水、电、燃气和通信等）、场地周边的交通设施（公路、地铁）、既有建筑设施、施工操作区域、临时道路、临时设施、材料堆场、构件加工地、临时水电、施工机械设备和安全文明生产设施等。规划布置上述内容,构建场地规划模拟 BIM,并进行分析优化。

2）场地规划模拟的技术路线

（1）收集原始数据,应用 BIM 建模软件构建施工场地地形、周边市政管线和交通设施等相关环境条件模型。

（2）依据初步施工方案,应用 BIM 建模构建施工区域、临时道路、临时设施、临时水电、施工机械设备和安全文明生产设施等施工措施模型。

（3）依据初步的施工进度计划,利用计划管理软件,编制施工进度计划文件。

（4）在建模软件环境下,对施工图设计模型、施工环境条件模型、施工措施模型进行合模处理,导入 4D 软件,并关联计划管理文件,进行 4D 模拟分析。

（5）基于模拟结果,进行技术经济对比分析与优化,诸如机械设备吨位的选优、工程量与人力资源投入的比对,最终选择最佳的场地规划方案。

（6）在 4D 软件环境下,生成场地规划模拟演示视频,经审核后,用于技术交底和项目实施。

3）场地规划方案成果

地下工程施工阶段 BIM 场地规划方案[图 5-11(a)],平面布局最终确定为场地东、南、北面分别设有材料加工、堆放区域,在场地的西北面设置临时车辆停放,施工车辆可由场地北面和西面进入,场地中间设有重型车辆道路,减少了施工车流、人流、物流的相互干扰情况,减少了因交通混乱所带来的危险源。在场地中央设有集土坑,在场地的西北角设有可移动泥浆池,在安顺路围墙上开临时门,方便外运桩基泥浆。所有车辆行走路线在 BIM 渲染软件环境下演示,确保流线清晰顺畅,避免相互干扰。

主体混凝土工程施工阶段 BIM 场地规划方案[图 5-11(b)],在综合楼北侧中部布置一台 TC6015 塔吊,在建筑的西侧布置一台 SC200/200 施工电梯,通过合理地布置机械设备,在狭小的施工场地,确保材料加工的水平运输、主体建筑材料的垂直运输能够安全而快捷进行。加工场地集中至建筑的东侧空地(未来的绿化用地)。

钢结构连廊吊装施工阶段 BIM 场地规划方案[图 5-11(c)],在综合楼南侧的既有地下室顶板上布置 1 台 QY50B(50 t)型汽车式起重机,连廊钢构件临时占用医院中央花园附近的道路。实现钢结构连廊吊装与混凝土结构主体施工同步进行,从而节省工期。为确保吊装全过程安全可行,针对该场地规划方案,应用 BIM-4D 反复分析研究,在空间与时间上进行合理排序,避免水平运输的材料与车流的干扰,同时避免垂直运输的钢构件碰撞既有建筑及其设施。

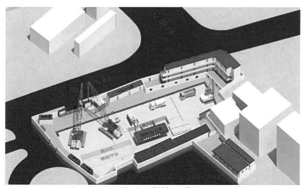

(a) 地下工程施工阶段

(b) 主体混凝土工程施工阶段

(c) 钢结构连廊吊装施工阶段

图 5-11　不同施工阶段场地规划方案

5.5　施工方案模拟、比选及优化

5.5.1　目的和价值

　　基于施工图设计 BIM 或深化设计 BIM,融入建造过程、施工顺序、操作要点等信息,应用 BIM 技术的可视化、参数化、可模拟性等特征,实现施工方案模拟、比选及优化,辅助施工方案的审核和可视化技术交底,达到"先模拟、后施工",提高施工方案的科学合理性,降低施工风险。

5.5.2 应用内容

(1)梳理医院项目的地下工程、主体工程、幕墙工程、设备及管线安装、装饰装修等分部分项工程的施工方案,对技术难度大、施工工艺复杂、技术创新性强、工人不熟悉、操作困难和容易出错的专项施工方案,需应用 BIM 技术进行"虚拟建造"模拟分析、辅助施工。

(2)工程开始施工前,在施工图设计模型或深化设计模型的基础上附加建造过程、施工顺序等信息,施工工艺等信息,进行施工过程的可视化模拟,从而发现施工中可能出现的问题,并充分利用 BIM 对方案进行分析和优化,提高方案审核的准确度。实行多方案对比优化,直到获得最佳的施工方案。进行施工方案的可视化交底,从而指导真实的施工。

(3)针对大型医用设备(例如 CT、核磁共振、DR 系统、CR、工频 X 射线机等设备)进行安装条件分析及进场方案论证,并依据优选的运输路径,进行必要的楼层结构加固、墙体结构预留洞口等措施。

5.5.3 应用流程

(1)收集数据,并确保数据的准确性,主要包括施工图设计模型或施工深化设计模型、工程项目设计施工图纸、工程项目的施工进度和要求、主要施工工艺和施工方案、新技术新工艺的操作要点、施工资源(如人员、材料和机械设备)及施工现场的自然条件和技术经济资料等。

(2)根据施工方案的文件和资料,在技术、管理等方面定义施工过程附加信息并添加到施工图设计模型或深化设计模型中,创建施工过程演示模型。该演示模型应表示工程实体和现场施工环境、施工机械的运行方式、施工方法和顺序、所需临时及永久设施安装的位置等。

(3)结合工程项目的施工工艺流程,对施工过程演示模型进行施工模拟、优化,选择最优施工方案,生成"虚拟建造"演示视频并与施工单位、监理等讨论。

(4)针对局部复杂的施工区域,进行重难点施工方案模拟,编制方案模拟报告,并与施工部门、相关专业分包协调施工方案。

(5)创建优化后的最终版施工过程演示模型,生成模拟演示动画视频,编制施工方案可行性报告。

施工模拟 BIM 应用操作流程如图 5-12 所示。

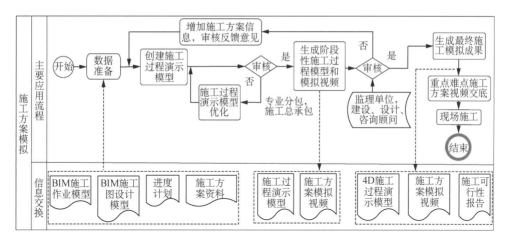

图 5-12　施工模拟 BIM 应用操作流程

5.5.4　应用范例

【范例 5-5】　某市胸科医院科研综合楼项目地下工程施工方法模拟

该项目位于在大型城市中心地区,紧邻地铁,周边市政管线较多,同时项目为深基坑,基坑变形极易引发工程安全事故,因此需要对地下工程施工方法进行科学选择。该教综合楼项目应用 BIM 技术对地下工程施工采用顺作法和逆作法分别进行了模拟分析。

1）构建施工模型

在建模软件环境下,基于施工图设计模型,添加施工措施信息,构建地下工程顺作法的施工模型[图 5-13(a)];对施工图设计模型进行调整,并添加施工措施信息,构建地下工程逆作法的施工模型[图 5-13(b)]。从而形成模拟分析的基础条件。

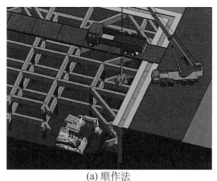
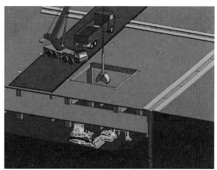

(a) 顺作法　　　　　　　　　　(b) 逆作法

图 5-13　地下工程施工模型

2）顺作法与逆作法模拟

将两种施工方法的 BIM 分别导入 4D 软件,并关联各自的施工进度计划文件,进行 4D 模拟。

（1）顺作法 BIM-4D 模拟

科教综合楼地下工程顺作法 BIM-4D 模拟的施工工艺流程如下。

桩基及围护施工→预降水施工→首层土方开挖→第一道支撑及栈桥施工→第二皮土开挖(含第二道钢支撑施工)→第三皮土开挖(含第三道钢支撑施工)→第四皮土开挖至基坑底(局部深坑开挖)→底板施工→拆除第三道钢支撑、B2 层结构施工→拆除第二道钢支撑、B1 层结构施工→拆除第一道支撑及栈桥施工、B0 板施工→地下室顶板结构施工完成。

（2）逆作法 BIM-4D 模拟

采用逆作法 BIM-4D 模拟可分为逆作法(逐层)和逆作法(跃层)两种情况,二者的施工工艺流程如下。

逆作法(逐层)施工:桩基及围护施工→预降水施工→第一皮土开挖→B0板施工→第二皮土开挖→B1 板施工→第三皮土开挖→B2 板施工→第四皮土开挖(局部深坑开挖)→底板施工→B3、B2、B1 结构穿插回筑施工→地下结构施工完成。

逆作法(跃层)施工:桩基及围护施工→预降水施工→第一皮土开挖至 B0板下 2 m(相对标高－3.05 m)→B0 层结构施工→第二皮土开挖至 B2 板下2 m(相对标高－8.55 m)→B2 层结构施工→第三皮土开挖至基坑底(相对标高－10.45 m 含局部深坑开挖)→底板结构施工,同时进行 B1 层结构施工→B3、B2、B1 结构穿插回筑施工→地下结构施工完成。

3）比选分析结果

该项目地下工程基于 BIM 施工模拟分析,获得不同施工方法的工期与造价指标如表 5-1 所示。

表 5-1　顺作法与逆作法的 BIM 模拟结果

施工方法	顺作法	逆作法(逐层)	逆作法(跃层)
工期(d)	151	197	176
差异部分造价(万元)	1 048.5	858.8	971.7
比较结论	(1) 顺作法比二种逆作法工期节省分别是:46 d 和 25 d; (2) 二种逆作法比顺作法节省造价分别是:189.7 万元和 76.8 万元。		

顺作法施工增加了支撑施工和支撑拆除,而逆作法施工直接将永久结构楼板作为临时支撑,逆作法造价指标较低。但由于该项目场地狭小,深基坑的规模小(小于 2 万 m²),逆作法不能发挥施工工期优势。

因此,在深基坑专项施工方案评审会上,相关专家提出:对于本工程,由于基坑体量较小,逆作法施工不能充分发挥优势,因场地狭小且交通不便,土方挖掘和运输速度缓慢,本工程的地下结构采用逆作法比顺作法慢 1 个月左右,增加了总工期;因紧邻地铁,地下工程施工时间越长,存在风险越大,而且由于基坑狭小,如若在地下发生局部塌陷,逆作法很难实施抢险,顺作法则易实施抢险。

依据 BIM 模拟分析结果,基于优先考虑工期和施工风险规避的角度,科教综合楼地下工程最终采用顺作法施工。实际施工过程中,在采用顺作法施工的前提下,进一步基于 BIM-4D 模拟和优化,最终地下工程施工共计 103 d 完成,比原计划节省 48 d。

【范例5-6】 某市大学附属医院二期工程直线加速器大体积混凝土施工方案模拟

某附属医院总院二期工程直线加速器位于医技楼负二层,地下结构为钢筋混凝土框架结构。直线加速器长约 25 m,宽约 13.6 m,分为南北两个。底板厚为 1 500 mm,顶板厚为:1 500 mm,3 000 mm;墙厚分别为:1 200 mm,1 500 mm,1 800 mm,3 000 mm。混凝土强度等级为 C35,底板、外墙抗渗等级为 P8,混凝土容重要求大于 23.5 kN/m³。

根据直线加速器机房辐射防护要求,需一次性浇筑并严格控制混凝土开裂,底板、墙板和顶板厚度均超过 1 000 mm,属大体积混凝土浇筑。该项目通过 BIM(图 5-14)导入模拟软件,建立计算模型(图 5-15),通过模型模拟施工过程,计算评估直线加速器机房开裂风险,分析找出最佳的浇筑时间与最优施工方案,图 5-16 所示为侧墙抗裂混凝土评估结果。

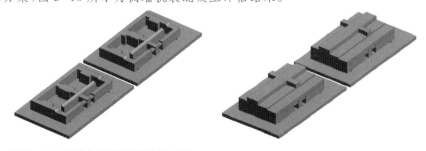

图 5-14 直线加速器机房结构 BIM

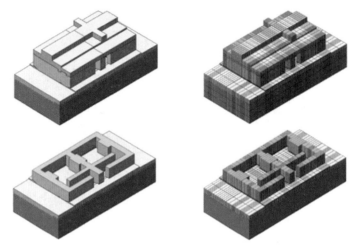

图 5-15 直线加速器机房计算模型

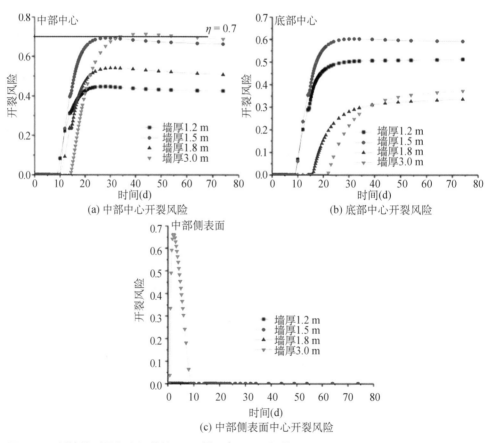

(a) 中部中心开裂风险

(b) 底部中心开裂风险

(c) 中部侧表面中心开裂风险

图 5-16 侧墙抗裂混凝土评估结果(入模 32℃,14 d 拆模)

5.6 预制构件深化设计及加工

5.6.1 目的和价值

为了进一步推广应用工厂化建造、装配式施工和绿色建造等新型工业化技术，应用 BIM 技术进行预制构件深化设计，提高构件预制加工能力，降低成本、减少施工现场的操作时间和提高工程质量，促进环境保护和可持续发展。

5.6.2 应用内容

（1）运用 BIM 技术提高承包商的构件预制加工能力，预制范围包括预埋铁件、混凝土结构预制构件、钢结构预制构件、木结构预制构件和机电管线模块化预制构件等，通过形象化的深化设计减少产品生产中的问题以降低试错成本；

（2）基于 BIM 在工厂预制加工建筑构件，然后运到施工现场；基于 BIM 信息进行高效拼装，通过"预制—装配"的方式实现流水化生产，降低劳动成本。

5.6.3 应用流程

（1）收集数据，并确保数据的准确性，包括施工图设计阶段的图纸及 BIM，并进行预制构件的拆分设计，构建预制构件 BIM。

（2）与施工单位确定预制加工界面范围，并针对方案设计、编号顺序等进行协商讨论。

（3）依据预制厂商产品的构件模型，或根据厂商产品参数规格，创建构件模型库，替换深化设计模型中原构件。建模应采用适当的应用软件，保证后期可执行必要的数据转换、机械设计及归类标注等工作，便于将模型转换为预制加工设计图纸。

（4）施工深化模型按照厂家产品库进行分段处理，并复核是否与现场情况一致。

（5）将构件预制装配模型数据导出，进行编号标注，生成预制加工图及配件表，施工单位审定复核后，送厂家加工生产。

（6）构件到场前，施工单位应再次复核施工现场情况，如有偏差应进行相应调整。

（7）通过构件预装配模型、预制加工图指导施工单位装配施工。

构件预加工 BIM 应用操作流程如图 5-17 所示。

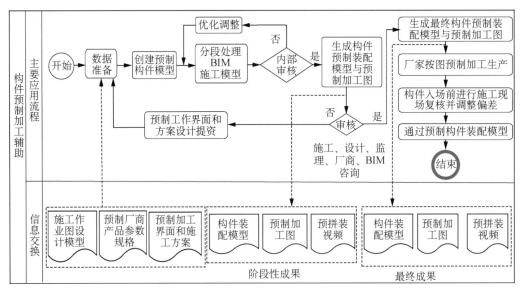

图 5-17　构件预加工 BIM 应用操作流程

5.6.4　应用范例

【范例 5-7】　某市胸科医院科研综合楼项目地下停车库预埋铁件及构件深化设计

地下停车库是所有建筑必须考虑的重要设计内容,胸科医院科教综合楼新建的地下停车库,共有地下三层,总建筑面积达 5 340 m²,需确保实现 170 个停车位。采用桩筏基础,普遍区域底板面标高 −9.900 m,板厚 1 000 mm;汽车电梯井区域底板面标高 −11.900 m,板厚 1 000 mm,垫层厚度为 150 mm,该工程普遍区域开挖深度为 10.30 m;汽车电梯井区域开挖深度为 12.30 m。基于 BIM 对三层地下室的机械式停车库进行深化设计,主要包括出入口竖井、车位隔墙、集水坑位置、机械构件布置、预埋件位置及各复杂部位的施工图纸进行深化。

1）预埋铁件的深化设计

在施工准备阶段,通过应用 BIM 三维可视化技术,深化设计了车库内 8 种类型的预埋件(图 5-18),共计 1 950 个。

图 5-18　深化设计 8 种类型的预埋件

通过对预埋件和机械构件进行空间布置和碰撞模拟,发现了 18 处重大错误,总计发现 7 个属于预埋件设计图纸误差引起的碰撞(间隙)。碰撞可划分为以下两种类型:①结构图纸与预埋件图纸位置不符导致墙柱冲突,共 6 个;②结构图纸与预埋件图纸尺寸不一致冲突,共 1 个。例如在负三层位置,二维 CAD 图纸上布置的车位预埋件,在三维 BIM 上清楚显示出布置问题:如图 5-19 所示,有 6 组预埋件"埋设"在集水坑上空,影响了 3 个车位的设置,基于这一发现,优化布置集水坑的布置,从而避免了车位与集水坑布置的冲突问题(类型一)。

图 5-19　深化设计预埋件的布置(类型一)

2) 机械构件的深化设计

机械式停车库设备的选择、安装和运行机理等因素将会影响医院内的车流和交通情况。机械式停车设施的主要构件包括:轨道装置、行走车道板、机

械支架等构件。机械车库内部环境及相关器械模型的建立是建立后续 BIM
动画的基础。结合设计阶段的机械车库 BIM(图 5-20),对构件进行拆分,对
部分需要运动表现的器械进行细分(图 5-21),为之后导入渲染软件制作动画
作准备。

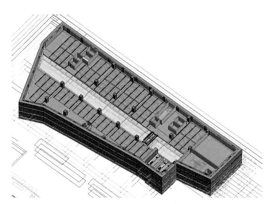

图 5-20　机械车库 BIM

(a) 横向移动的平台　　　　　(b) 移动车辆的移板　　　　　(c) 车辆升降平台

图 5-21　机械构件 BIM

应用 BIM 还能帮助管线深化设计。轨道布置时考虑运送车辆入位和取
车的流线,同时考虑建筑净高的相关需求,对混凝土结构梁进行了优化,将下
挂的混凝土主梁优化为上翻的结构主梁。同时对地下管线的设计采用出墙、
预埋和穿梁三种形式(图 5-22)。

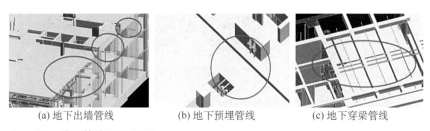

(a) 地下出墙管线　　　　　(b) 地下预埋管线　　　　　(c) 地下穿梁管线

图 5-22　地下管线埋设 BIM

3）出入口竖井部位的深化设计

基于机械式停车库在全院车流环节的影响考虑，对于车库的出入口数量设置、几何尺寸、出入口朝向、竖井内管线、预埋件等相关内容，将作为深化设计的关注点。如图5-23所示，采用BIM结构模型，结合渲染技术对机械式停车库车辆进出的典型工况进行了动画模拟，从而完善出入口竖井部位的深化设计。

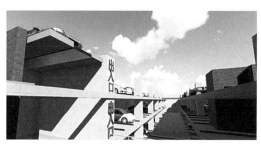

图5-23　出入口竖井部位的模型效果

【范例5-8】　某市皮肤病医院门急诊医技病房综合楼项目"BIM＋PC"应用

某市皮肤病医院新建门急诊医技病房综合楼，该项目建设总面积为约4.9万 m²，其中地下二层，地上十层，建筑高度44.9 m。建筑功能用房主要包括门急诊、医技、病房等方面。该项目是在设计过程中调整为预制装配式混凝土结构的医院建筑，也是该市"十三五"规划项目中第一幢采用预制装配式混凝土结构的医院建筑。由于报建前后的政策变化，需要对设计图纸进行变更设计，即主楼采用装配整体式框架-现浇剪力墙结构混凝土，裙房采用装配整体式框架结构。结合项目进展的实际情况，在装配式方案评审汇报中，基于BIM的模拟分析，针对医院建筑的特色工艺要求，并综合考虑成本控制等因素，最终将预制率降低至25.01%。在预制装配式混凝土结构的医院建筑中应用BIM技术，需充分考虑医疗工艺和医疗设备布置对预制构件的影响，提前做好精细化的构件拆分设计。

1）BIM构建

依据建筑工程的施工图和PC深化设计图纸，构建BIM（图5-24），包括建筑结构模型和机电专业模型。在模型构建过程中，基于BIM的可视化、参数化和可模拟性的特点，进行构件拆分多方案比选，确定单元重复率高的构件和单元模块，辅助快速确定构件拆分设计最优方案，最终确定制作402个预制构件，主要包括预制混凝土叠合板、预制混凝土梁和预制楼梯板，降低预制构件生产成本,并经过测算,控制在造价范围内。

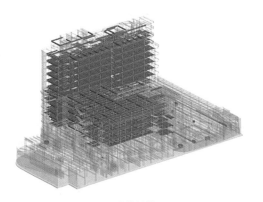

| (a) 建筑结构 | (b) 机电专业 |

图 5-24 综合楼各专业 BIM

2) BIM 管线综合

为了确保医院建筑的给排水、强弱电、空调及消防等机电管线和医疗气体、医用物流系统等专用系统管线的合理布局,基于 BIM 进行各类机电管线综合进行构件碰撞分析(图 5-25),并且考虑各类医疗用房和公共部位的净空高度。以此为基础,精细化地分析 PC 构件的预留孔洞和预埋铁件(图 5-26),从而提高预制构件细部加工的准确性。

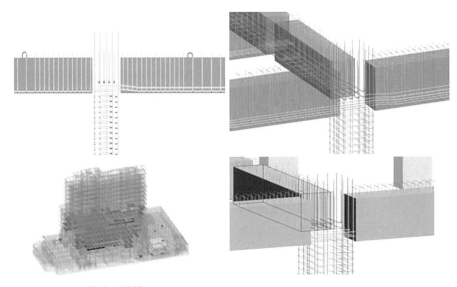

图 5-25 预制构件碰撞检测

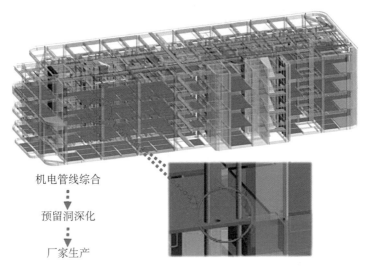

机电管线综合

↓

预留洞深化

↓

厂家生产

图 5-26 管线综合助力 PC 预留预埋

3）基于 BIM 的医疗工艺分析

基于 BIM 分别针对综合楼内标准诊室、特需诊室、病房等诊疗空间进行医疗工艺深化设计分析，精细化地布局洗手池、医用家具、医疗设备等布局，据此深化设计预制装配式构件的预留孔洞和预埋铁件。

4）PC 构件深化设计

应用深化设计的结构专业 BIM，对 PC 构件连接端的钢筋布置进行深化设计（图 5-27），及时发现碰撞点，避免因钢筋碰撞问题导致后续施工困难及变更，影响造价及工期。

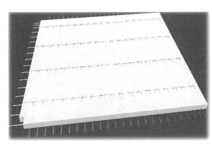

(a) 叠合板

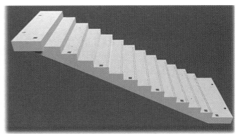

(b) 预制楼梯

(c) 叠合梁

图5-27　基于BIM的PC构件深化设计

【范例5-9】 某市第六人民医院骨科临床诊疗中心项目预制装配式钢结构
应用

　　某市第六人民医院骨科诊疗中心项目采用了预制装配式BIM(图5-28)对
钢结构深化—施工全过程进行指导,为该项目的预制装配式钢结构施工提供更
好的施工质量保证。同时由于该项目部分楼层的层高较低,无法满足管线综合
后的净高要求,因此需要在钢结构上预留大量孔洞,从而使应用BIM技术对这
些孔洞以及钢结构节点的深化复核变得尤其重要。如图5-29所示,该项目钢
结构形式采用钢柱、钢梁、防屈曲波纹钢板墙,以及部分混凝土核心筒浇筑的

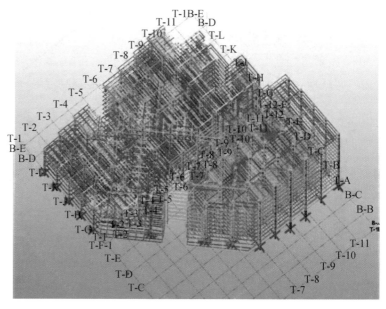

图5-28　全院预制装配式钢结构BIM

形式,包含了各类钢结构的连接形式,此类复杂的结构形式对钢结构节点深化提出了高精度要求,因此基于 BIM 技术应用结构分析软件对全部节点进行了深化,确保施工精准无误。

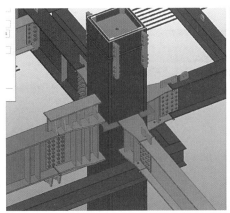

图 5-29 钢结构深化节点及现场施工

【范例 5-10】 某市综合医疗卫生中心项目地下室模块化预制装配式机电管线应用

某综合医疗卫生中心项目,在地下室一层 A1～A7 轴交 A-H～A-J 轴送风机房外侧走道、B-F～B-J 轴交 B-7～B-1/7 轴清真食堂外侧走道,机电管线布局复杂(图 5-30),该区域内主要为成排的水管,水管中占比最多的是空调水管,其中最大的空调水管道尺寸为 DN250。该预制区域内,水管数量多

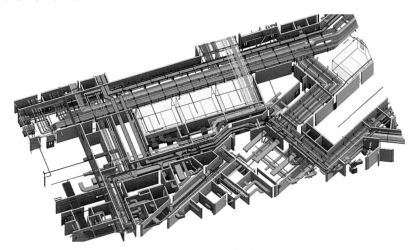

(a) 机电 BIM 三维模型

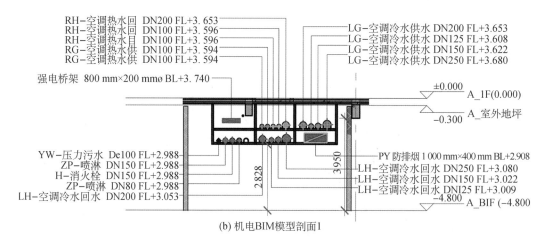

(b) 机电BIM模型剖面1

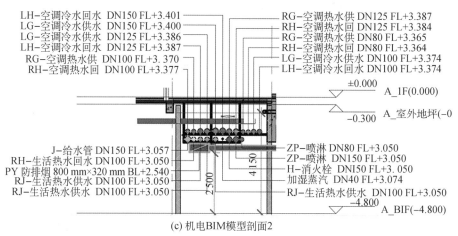

(c) 机电BIM模型剖面2

图 5-30　地下室预制装配式机电管线

且尺寸较大，以及涉及的专业较多，如空调水系统、消防喷淋系统以及压力排水等。为了提高施工质量和进度，同时保证地下室外露管线美观，形成申报"鲁班奖"优质工程特色，基于 BIM 技术的管线综合和优化，在该区域设计预制装配式机电管线（图 5-31），创新模块化机电管线整体抬升施工工艺（图 5-32），管线模块之间采用法兰连接，获得了良好的实施效果。

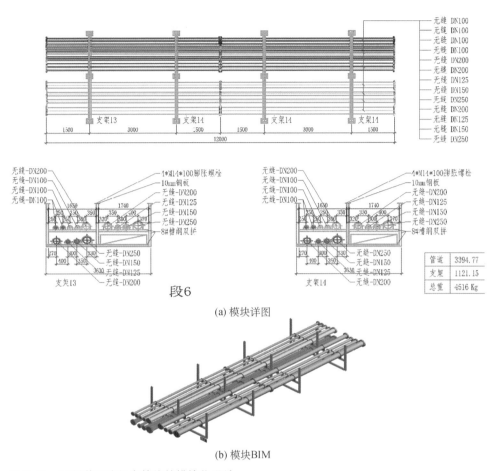

(a) 模块详图

段6

管道	3394.77
支架	1121.15
总重	4516 Kg

(b) 模块BIM

图 5-31　预制装配式机电管线的模块化设计

(a) "虚拟建造"模拟　　(b) 现场安装

图 5-32　模块化机电管线整体抬升施工工艺

5.7 发包与采购管理辅助

5.7.1 目的和价值

为了使医院项目的发包与采购管理更趋准确、精确与透明化,应用 BIM 技术辅助提供三维信息和相关参数信息,有助于提高计算精度和招投标效率,以及减少承发包之间的信息不对称性。

5.7.2 应用内容

基于 BIM 完善招标相关文件资料,辅助工程发包与材料设备采购管理。借助 BIM 的可视化和参数化特性,使得投标人在短时间内可精确掌握医院建筑建设项目的相关信息,利于发包与采购的公平竞争,为顺利推进工程建设奠定良好的基础。

5.7.3 应用流程

(1)收集数据,并确保其准确性,包括招标材料、设备的参数化特性。

(2)构建施工图设计模型或深化设计模型,并制作展示视频文件,以表达实施效果。

(3)整合招标参数文件及可视化文件,公开发布,辅助发包与采购管理工作。

5.7.4 应用范例

【范例 5-11】 某市胸科医院科研综合楼项目采购辅助

某市胸科医院科研综合楼 BIM 辅助试验室设备系统的发包与采购。使得各投标人精确掌握细胞房、样本处理区、试剂库及各类实验室的详细情况(图 5-33),公开发布,保证采购工作顺利进行。

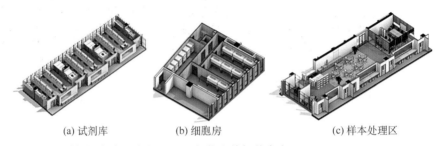

(a) 试剂库   (b) 细胞房   (c) 样本处理区

图 5-33 科教综合楼实验室 BIM 可视化文件相关内容

【范例5-12】　某市第十人民医院新建急诊综合楼项目招标辅助

　　某市第十人民医院新建急诊综合楼,总建筑面积约 1.1 万 m^2,地上 6 层,地下 2 层。创新应用"BIM + SPEC(技术规格书)"招投标辅助工作,结合 SPEC 技术文稿,完善招标技术标文件,明确主要设备材料的各类技术参数,涉及水、电、暖和装修 4 大专业,共计 21 分项、近 40 种设备和材料。各投标方均在同一细化的标准下报价,有效提升招标控制力。"BIM + SPEC"技术的特征为:信息互提,双向交互,形成质量控制标准。应用 BIM 三维可视化辅助招投标(图 5-34),具体表现为:①墙面装饰及设计——中央控制面板、插座点位;②天花定位及设计——净化通风系统、手术仪器安装;③空间合理性设计——手术操作和流线操作、洁污通道口。

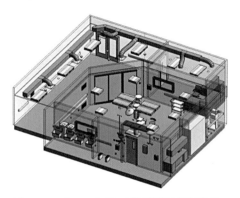

图 5-34　"BIM＋SPEC"招投标辅助模型

5.8　4D 施工模拟及进度管理辅助

5.8.1　目的和价值

　　在 BIM 基础上,结合施工进度和施工组织方案等,构建 BIM-4D 模型,基于 BIM-4D 的虚拟进度与实际进度比较,分析资源配置情况,发现方案进度计划和实际进度的差异,从而提出优化方案,保证施工进度的正常推进。

5.8.2　应用内容

　　(1)在三维建筑信息几何模型的基础上,增加时间维,从而进行 4D 施工模拟。

　　(2)通过安排合理的施工顺序,按规定时间完成满足质量要求的工程任务,基于可视化的 4D 施工模拟及进度控制,识别出施工过程中潜在的交错、冲突现象,分析分区、分块施工的可行性,进行小范围的工序变更和优化,实现对施工进度的控制。

5.8.3　应用流程

进度控制 BIM 应用操作流程如图 5-35 所示。

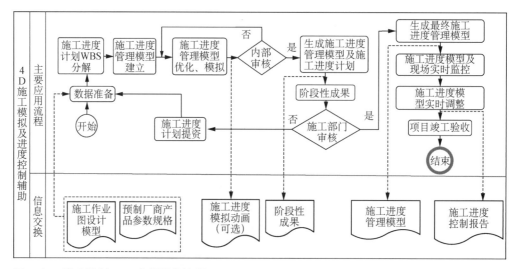

图 5-35　进度控制 BIM 应用操作流程

5.8.4　应用范例

【范例 5-13】　某市口腔医院新院区项目 4D 施工模拟

某市口腔医院新院区项目,BIM-4D 施工模拟实施 PDCA 管理方法(图 5-36),通过 4D 模拟发现了相关问题,提出并论证了优化解决方案,通过实施这些方案,达到了节约工期造价以及质量把控的目标。

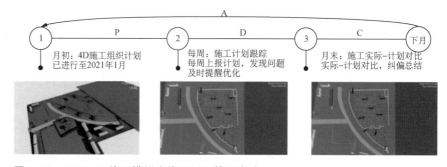

图 5-36　BIM-4D 施工模拟实施 PDCA 管理方法

【范例5-14】 某市胸科医院科研综合楼项目桩基施工方案模拟

某市胸科医院科教综合楼桩基施工方案模拟:科教综合楼的总进度计划中,桩基施工时间安排为 30 d。但是,施工总承包单位施工组织设计的进度安排中,通过 CAD 图纸排布以及施工单位现场技术人员的经验进行施工分析,在狭长的施工现场仅能安排 4 台打桩机,施工 159 根 62 m 长的钻孔灌注桩,约需 45 d。

为了合理科学地用足施工现场的空间和时间,对 159 根钻孔灌注桩构建 BIM,并导入 4D 软件软件,关联施工进度计划文件,进行 BIM-4D 施工模拟。充分考虑了钢筋笼的运输和起吊半径、混凝土搅拌车的行走路径、打桩机的移机等因素,现场最多可同时安排 6 台打桩机,打桩总时间可控制在 24 d 左右完成。

最后,基于 BIM-4D 模拟,同时考虑综合经济性,确定采用 5 台桩机施工的实施方案,可以使得桩基施工工期控制在 30 d 以内。施工过程中,对 5 台桩机的进退场进行了周密的安排,具体的 BIM-4D 模拟情况详见图 5-37。实际施工过程中,由于适当延长了日工作时间,26 d 完成了桩基工程。

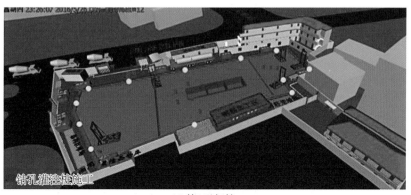

(a) 第1天打桩

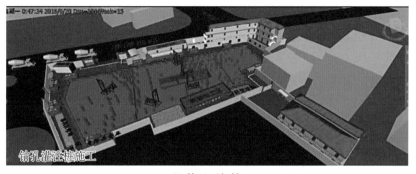

(b) 第18天打桩

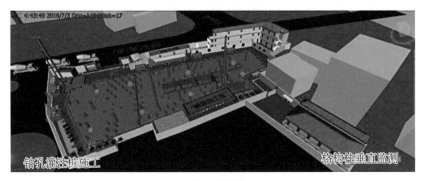

(c) 第26天打桩

图 5-37 桩基施工模拟的主要进展

5.9 工程量计量及 5D 造价控制辅助

5.9.1 目的和价值

为了准确掌握实施的工程量情况,应用施工深化 BIM、结合现场变更、洽商等实际推进信息,进行工程量核算,动态控制工程造价,从而能够达到总体控制医院项目的造价目标。

5.9.2 应用内容

(1) 在施工图设计模型和施工图预算模型的基础上,按照合同规定深化设计和工程量计算要求深化模型,同时依据设计变更、签证单、技术核定单和工程联系函等相关资料,及时调整模型,据此进行工程计量统计。

(2) 将 BIM 融入时间和成本信息,实现施工过程工料机精确统计、资源计划精准确定、成本动态控制,实现 5D 造价控制。

5.9.3 应用流程

BIM 工程量计算的应用操作流程如图 5-38 所示。

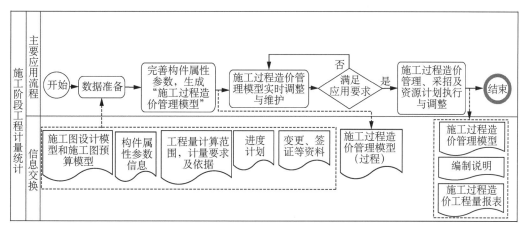

图 5-38　BIM 工程量计算的应用操作流程

5.10　设备安装管理辅助

5.10.1　目的和价值

为了准确掌握设备的采购、运输、安装等相关信息,应用 BIM 技术进行可视化模拟,辅助施工管理,防止返工、窝工等不良现象发生,提高工作效率,获得良好的经济效益,也为后续运维提供了数字化模型基础。

5.10.2　应用内容

(1)在深化设计模型中添加或完善楼层信息、进度表、报表等与设备相关的信息,追溯大型设备的采购、物流与安装信息。

(2)能够在施工各阶段输出所需设备的信息表、已完工程消耗的设备信息、下个阶段工程施工所需配备的设备信息,实现施工全过程中对设备的有效控制。

5.10.3　应用流程

设备安装管理 BIM 应用操作流程如图 5-39 所示。

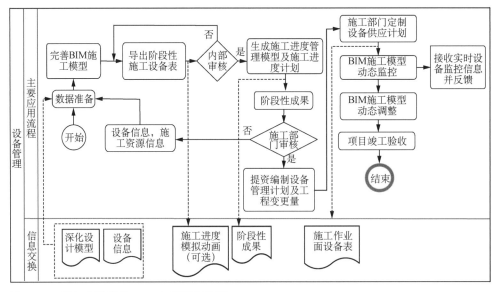

图 5-39 设备安装管理 BIM 应用操作流程

5.10.4 应用范例

【范例5-15】 某市第一人民医院眼科临床诊疗中心项目大型设备管理辅助

某市第一人民医院眼科诊疗中心的大型设备(CT、DR 等设备)主要布置在地下室,应用 BIM 模拟分析,规划大型设备运输路线及其承载力要求(图 5-40),进行运输流程模拟(图 5-41)及安装全过程模拟(图 5-42),从而对现场的实施条件相关信息进行分析,例如加固运输路径的地下室顶板、二次结构的隔墙预留运输门洞等措施,应用 BIM 技术进行精细化模拟,从而辅助设备管理。

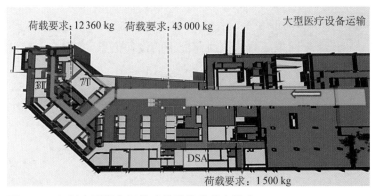

图 5-40 规划大型设备运输路线及其承载力要求

图 5-41　大型设备运输管理 BIM 模拟分析

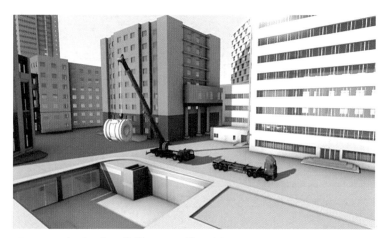

图 5-42　大型设备吊装管理 BIM 模拟分析

5.11　材料管理辅助

5.11.1　目的和价值

为了实现施工过程中对材料的有效控制,基于 BIM 进行作业面配料管理,提高工作效率,减少材料浪费。

5.11.2　应用内容

（1）在深化设计模型中添加或完善楼层信息、构件信息、进度表和报表等材料相关信息，追溯大型构件、部件材料的物流与安装信息。

（2）能够在施工各阶段输出所需材料的信息表、已完工程消耗的材料信息、下个阶段工程施工所需配备的材料信息，实现施工全过程对材料的管理。

5.11.3　应用流程

材料管理 BIM 应用操作流程如图 5-43 所示。

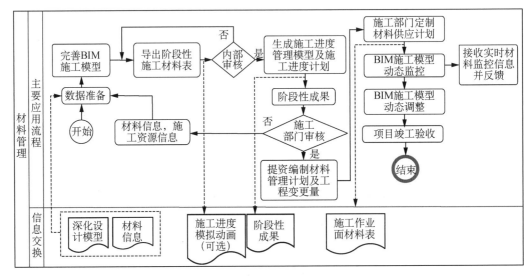

图 5-43　材料管理 BIM 应用操作流程

5.11.4　应用范例

【范例 5-16】　某市皮肤病医院门急诊医技病房综合楼项目装配式构件材料管理

该项目基于 BIM 技术的云工程平台对预制装配式构件材料进行管理。利用 IFC 技术及面向对象编程技术，开发了"装配式管理"功能模块。应用"装配式管理"模块实现对预制构件的综合管理，实现生产、运输、现场堆放和安装的相关信息贯通，实现对装配式建筑的质量、进度和成本的动态管理。装配式管理的整体业务流程，主要包括：BIM 导入云工程→形成预制构件库→装配式结构与构件查看(列表和 BIM 三维两种方式)→开始生产→入库→运输(形成清单)→到达现场→现场质量检验→堆放与安装→完成安装。如图 5-44 所示,在 BIM 中通过显示不同的颜色,动态控制构件材料所处的状态。

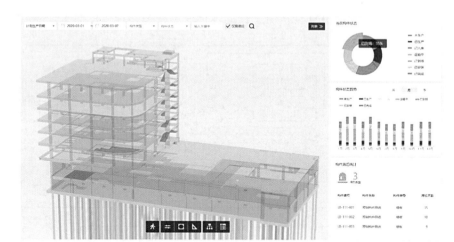

图 5-44　装配式建筑 BIM 三维模型状态展示

5.12　设计变更跟踪管理

5.12.1　目的和价值

在施工阶段,随着各使用功能区域的深化设计逐步推进,且可能伴随着医院重要人事变动引起建筑功能局部变动,医院使用部门可能会对建筑空间提出更高的品质要求或新的功能需求,或按照相关要求进行新工艺、新技术、新设备和新材料的推广应用,从而常常导致设计变更。此时仍要严格控制工程造价的合理性,因此会应用 BIM 技术配合价值工程分析的方法,进行设计变更管理。

5.12.2　应用内容

(1)应用 BIM 软件建立多个设计方案等模型,为方案的沟通、比较、决策提供了可视的三维场景,使得方案比较更加直观和有效。

(2)通过 BIM 技术的工程计量统计等功能,提供精细化的工程量计算结果,可以直接得到方案的成本系数,为进度等功能指标的评价提供参考。

(3)综合考虑设计变更的功能指标和造价指标,应用 BIM 进行变更方案的分析,并出具相关分析报告,跟踪设计变更实施的全过程。

5.12.3 应用流程

基于 BIM 与价值工程的设计变更跟踪管理流程如图 5-45 所示。

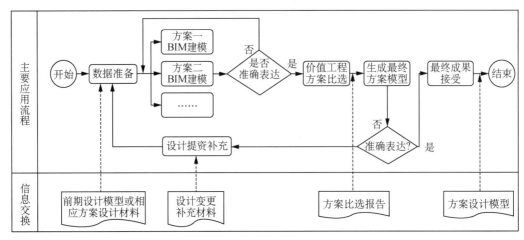

图 5-45 基于 BIM 与价值工程的设计变更跟踪管理流程

5.12.4 应用范例

【范例5-17】 某市第六人民医院骨科临床诊疗中心项目深化设计变更与价值工程应用

某市第六人民医院骨科诊疗中心医院食堂厨房深化设计导致设计变更的 BIM 技术应用。

1) 变更产生的背景和原因

在骨科诊疗中心的地下室一层布置了医院食堂,原方案中食堂建筑面积为 1 583.20 m^2,其中厨房建筑面积为 841.20 m^2,投资测算价为 757 万元(餐厅＋食堂,不含主体钢结构)。在该项目完成地下室主体结构施工后,后勤管理部门、食堂运营管理单位、厨房设备设施供应厂商等相关人员参与了医院食堂的深化设计研讨。考虑该项目为大型综合三甲医院,且院内职工众多,原方案设计的厨房功能经过再三讨论后被认为无法满足医院全体职工的餐饮需求。因此在项目施工阶段,对厨房区域提出变更设计。与此同时,因为对于厨房变更方案的不确定性,项目管理部要求设计院协同各参建单位人员,应用价值分析方法,优化医院食堂厨房变更方案,以达到最佳的实施效果。

2) 变更控制的分析方法

根据院方深化设计食堂厨房的需要,项目管理部组织设计院、BIM 咨询服务单位、厨房设备供应商、后勤管理部门和食堂运营工作人员进行深入研究,采用价值工程分析方法选择最佳变更方案。分析主要步骤包括选择价值研究对象、确定研究范围,通过功能分析,确定功能系数、计算理论成本、计算变更控制成本等内容。

针对地下室区域厨房的建设而言,需要对医院职工的功能需求进行调查分析,最终确定好符合实际的变更方案。但由于厨房位于地下室一层,此次大幅度的变更改动也影响到了位于周边其他功能区域的管线走向,为了精确估算拆改工程量,以及控制变更金额,使用 BIM(图 5-46)进行操作。

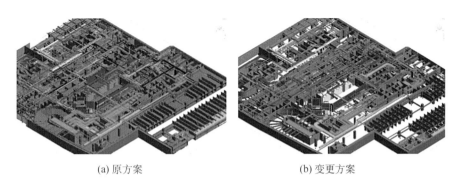

(a) 原方案   (b) 变更方案

图 5-46 地下室一层厨房区域模型

对厨房以及周边区域的所有机电管线拆改、机电管线新增、机电管线综合三方面进行模拟与估算。首先针对原方案进行分部分项工程造价测算,然后对医院食堂厨房的分部分项工程重要性采取 0～4 分打分制,在此基础上计算工程功能指数、成本指数和价值指数。

根据分部分项工程造价测算和专家判断分部分项工程重要性情况,确定功能指数、成本指数和价值指数。最终,医院食堂厨房各分部分项工程的价值指数如表 5-2 所示。

表 5-2 医院食堂厨房分部分项工程价值指数表

序号	名称	功能指数(FI_i)	成本指数(CI_i)	价值指数(V_i)
1	土建结构工程	0.122	0.160	0.763
2	水电系统工程	0.134	0.153	0.876
3	空调系统工程	0.195	0.139	1.403
4	消防系统工程	0.159	0.066	2.409

（续表）

序号	名称	功能指数(FI_i)	成本指数(CI_i)	价值指数(V_i)
5	厨房设备系统工程	0.256	0.264	0.970
6	照明系统工程	0.037	0.046	0.804
7	装饰工程	0.097	0.172	0.564

用根据公式获得的价值指数,来判断工程与成本的匹配度,当价值指数小于1时,说明该分部分项工程的成本较大,要着重进行分析,是设计变更过程中进行优化的重点工程;当价值系数等于1时说明成本与功能匹配度高;当价值系数大于1时,说明成本较低,工程功能性偏大。

在此基础上计算理论成本。首先计算基点系数,价值指数接近于1的分部分项工程是厨房设备系统工程,利用其成本与工程功能评分可以计算出基点系数,根据基点系数,计算各分部分项工程的理论成本。

如表 5-3 所示,理论成本是根据价值工程计算出来的比较合理的测算成本,是在医院食堂厨房的深化设计中应当作为控制目标的成本,当发生工程变更时,可以将此理论成本作为修正后的测算成本进行工程变更的造价参考,即作为拟变更方案的造价控制指标。

表 5-3　医院食堂厨房分部分项工程变更成本控制表

序号	名称	原方案成本（万元）	理论修正后成本（万元）	变更控制成本（万元）
1	土建结构工程	121	95.24	－25.76
2	水电系统工程	116	104.764	－11.236
3	空调系统工程	105	152.384	47.384
4	消防系统工程	50	123.812	73.812
5	厨房设备系统工程	200	200	0.00
6	照明系统工程	35	28.572	－6.428
7	装饰工程	130	76.192	－53.808
	合计	757	780.968	23.968

医院食堂厨房深化设计和建设有其特殊性,局部分项的优化需要具体分析。价值分析的结果可以提供以下信息供项目管理部参考:①从工程与成本匹配的角度出发,在满足所有工程要求的同时,在工程变更方案中,可能增加成本

23.968万元,约占修正后成本的3.1%,说明在提升食堂厨房建设品质、满足功能需求的同时,适当增加成本是合理的;②在变更方案中,对于各个分部分项工程的成本控制具有明确的方向性,通过优化变更方案提升功能品质,并且对成本进行适度增加或减少;③使各分部分项的工程与成本更加匹配。

3)变更控制的结果

依据价值工程分析,获得医院食堂厨房各分部分项工程的变更控制成本。通过BIM构建各专业模型,进行精细化的造价测算,获得良好的变更控制效果。主要表现为:项目管理部应用BIM技术进行管线综合优化,使得变更方案中水电系统工程路由更精准,减少管道翻弯并提高净空高度;空调系统和消防系统选型时,适当提高其品质。根据价值分析,造价控制按最优选模式进行了调整和优化,将变更方案的测算造价控制在780万元以内,保证了功能品质与造价的合理匹配。

5.13 质量管理跟踪

5.13.1 目的和价值

在工程建设质量管理体系中,基于BIM技术形成"可视化"管理模式,通过施工工艺模拟,优化施工方案,提升施工的精细化水平,将现场施工情况与模型进行比对,提高质量检查的效率与准确性,以产生良好的质量管理效果。

5.13.2 应用内容

(1)在BIM中输入准确的质量控制信息,通过现场施工情况与模型的对比分析,从材料、构件和结构三个层面控制质量,有效避免质量通病的发生。

(2)若有省级、国家优质工程奖、鲁班奖等优质工程的创优需求,尚需基于BIM进行创优策划、优质施工效果样板引领、优质施工工艺模拟与跟踪等创优质量管理。

(3)需要提前对工人进行基于BIM的质量管理技术交底,进行开工前的培训,或为工人实际操作提供参考,从而减少实际操作失误。

(4)现场施工管理人员需要实时对现场问题进行拍照、对问题进行描述上传至综合管控平台,有效地跟踪质量控制问题,任务信息共享,精确控制质量管理信息。

5.13.3 应用流程

基于 BIM 的质量管理应用操作流程如图 5-47 所示。

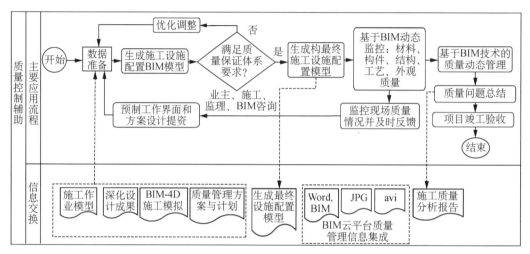

图 5-47 基于 BIM 的质量管理应用操作流程

5.13.4 应用范例

【范例 5-18】 某市胸科医院科研综合楼项目质量创优应用

1)工程质量创优策划

某市胸科医院科教综合楼质量创优 BIM 技术应用典型范例,工程创优策划(图 5-48):设备用房的管线布局,满足设备操作功能需求,管线布置整齐划一,成排成行,美观大方;样板房装饰满足净空高度,保持装饰美观;卫生间墙面地面装修"对称、对缝、对花"。

(a) 设备用房　　　　　　(b) 样板房　　　　　　(c) 卫生间

图 5-48 工程创优策划

2) 基于 BIM 现场监控的质量管理

对工程质量的控制与管理，除了保证 BIM 深化设计的质量要求、BIM 施工模拟的施工工艺选定，还必须基于 BIM 进行技术交底，并将优化的设计文件和施工组织文件"落地"，落实到生产一线，基于 BIM 云平台，实行施工质量动态跟踪监控。现场质量管理人员可以通过移动端智能采集信息，并上传至云端平台。现场照片、录音、视频的准确定位和实时传送，能及时暴露施工现场质量问题，从而降低问题发生几率。而且对现场原材料进场和试验报告的管理，也能及时将相关信息集成到 BIM 云平台上，构建了施工全过程质量管理跟踪反馈机制，确保管理者掌控工程质量管理的真实情况，减少因信息缺失和跟踪不及时造成的管理疏漏。

5.14 安全管理跟踪

5.14.1 目的和价值

为了有效控制危险源，实现医院建设项目安全可控目标，并进一步创建市级、省级、国家级建筑施工标准化星级工地，应用 BIM 技术，进行施工方案确定、施工危险源控制、安全技术交底以及安全监督，实现全过程动态安全管理。

5.14.2 应用内容

（1）应用 BIM 施工模拟，提前识别施工过程中的安全风险，进行危险识别和安全风险规避。并基于安全信息集成和共享，实现施工全过程动态安全管理。

（2）需要提前对工人进行基于 BIM 的安全管理技术交底，基于可视化技术进行开工前的培训，或为工人实际操作提供参考，从而减少实际操作失误。

（3）现场施工管理人员需要实时对现场问题进行拍照、对问题进行描述上传至综合管控平台，有效地跟踪安全控制问题，任务信息共享，精确控制安全管理信息。

（4）基于 BIM 的工程健康监测平台（例如深基坑变形监测）动态生成变形数据及曲线，自动发出报警信息，施工管理人员须及时做出安全分析和安全处理措施。

5.14.3 应用流程

基于 BIM 的安全管理应用操作流程如图 5-49 所示。

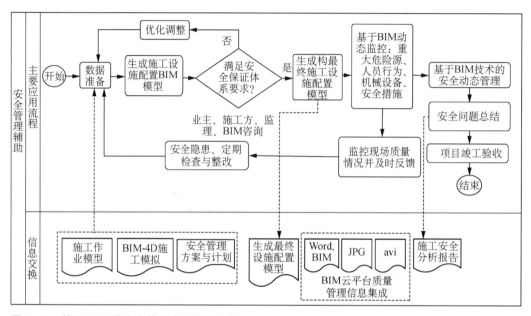

图 5-49 基于 BIM 的安全管理应用操作流程

5.14.4 应用范例

【范例 5-19】 某市胸科医院科研综合楼项目安全管理应用

由于科教综合楼工程项目具有施工工艺复杂、工期紧、交叉作业频繁等特点,安全管理工作面临较大的挑战。在施工过程中存在很多安全隐患,易诱发高层建筑施工安全事故。因此,本项目基于施工过程中的 BIM 技术应用,评估施工安全管理的影响因素,进行危险源识别、动态施工模拟、安全检查、安全教育培训和施工安全计划优化,从而大大提高了建筑施工安全管理的效率和质量,实现由被动管理向主动管理的转变,最终实现在施工前对安全事故的预警,降低安全事故发生风险,提高高层医院建设项目的安全管理水平。

1)基于 BIM-3D 漫游的安全防护检查

施工中,安全预防工作随着施工进度的不断推进和施工工艺不断变化而改变。施工总包单位推行了一套文明标化内容,总结优秀项目经验,进行统一推行、统一管理,将常用的安全防护设施,诸如防护栏杆、定型化门头、排水沟安全围栏、标识牌和遮拦网等保证安全文明施工的设施建立成 BIM 族,构成安全防护 BIM 族库,用于专业安全防护 BIM 的快速构建。随着工程施工的推进,安全设施的搭设同步进行,进行 BIM-3D 漫游(图 5-50),以便及时发现重大危险源和安全隐患,及时提醒工作人员安全施工,提高安全防范工作效率。

图 5-50 安全防护检查 BIM-3D 漫游

2)基于 BIM 模拟分析的施工场地安全管理

科教综合楼项目施工场地狭小,紧邻市中心主干道,人流量大,故需要在材料、机械进场前对材料堆放场地以及机械停靠位置等进行 BIM 模拟,进行合理布局和规划。通过 BIM 模拟和碰撞,拟定施工场地内放置机械数量,通过模拟和碰撞分析,发现大型机械活动范围与周边物体的矛盾关系,减少发生安全隐患的可能性,结合项目使用需求整体规划,对场地设施、机械、临时建筑和人员进行调整和布置,进一步优化平面布置,并加强过程动态管理协调。

对不同施工阶段的场地布置预先进行 BIM 优化分析,防止出现加工场地搭建不合理、材料运输车辆进出场地困难或者装运过程费时,使功效降低的情况,BIM 模拟还可以对堆放的主材(钢筋,钢管扣件等)进行场地优化,减少二次搬运的次数,从而降低施工成本。

3)基于 BIM 的专项方案优化

科教综合楼项目与原有病房之间通过 3 层钢连廊相连,钢连廊吊装最重梁 7.2t,需要汽车吊进行吊装,吊装期间塔吊正常运作。如图 5-51 所示,基于 BIM 的优化分析,对钢梁进行合理地分段,从而减少汽车吊的吨位,并且减小了汽车吊压溃原有地下室顶板的风险;通过 BIM 的优化模拟塔吊、汽车吊同时使用过程中的工作半径、覆盖区域、危险范围等因素,可通过 BIM-4D 模拟进行合理排序而避免安全隐患。钢结构吊装专项方案优化后,既推进施工进度,又保证了施工安全。

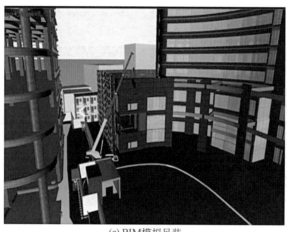

(a) BIM模拟吊装　　　　　　　　(b) 现场吊装照片

图 5-51　基于 BIM 优化的钢结构吊装安全施工方案

4) 基于 BIM 的临时设施搭设

高空坠落事故在建筑工程事故中发生频率较高。科教综合楼建筑高度为 58.8 m,施工过程中,建筑物可能存在很多预留洞口和结构临边,门窗洞口、电梯井、未安装栏杆的楼梯均是易于物体坠落的部位。传统的管理方法主要依据二维图纸和施工现场环境巡视监督管理来查找需要防护的"四口",但工作量大、效率低。通过 BIM 技术和 4D 可视化虚拟施工,可为高空作业及时建立防护栏杆(图 5-52),以有效避免发生坠落伤亡和物体打击等安全事故。

临时设施的布置将影响到工程施工的安全、质量和生产效率,通过 BIM 技术,可以实现临时设施的布置及运用,帮助施工单位事先准确地估算所需要的资源,以及评估临时设施的安全性,并发现可能存在的设计错误。如图 5-53 所示基坑边 BIM 临时设施,在施工作业模型中进行详细搭设,能够及时指导工地安全措施的设置到位,确保施工安全。

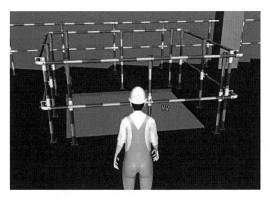
图 5-52　BIM 安全警告模拟模型

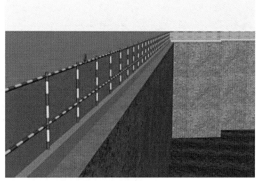
图 5-53　基坑边 BIM 临时设施

　　5）基于 BIM 的安全培训和安全技术交底

　　在科教综合楼项目建设中,形成了基于 BIM 的安全培训和安全技术交底。通过现场的 BIM 工作室将危险源在模型上进行标记,安全员在现场指导施工时,可以对应模型上的位置,查看现场施工时应注意的问题,对现场的施工人员操作不合理的地方进行调整,避免安全事故的发生。例如在地下工程施工前,通过 BIM 虚拟环境查看即将施工的任务和相应的设备操作,使工人能够更好地识别风险源,使任务能够更快、更安全地完成。

　　6）基于 BIM 云平台的动态安全管理

　　目前 BIM 技术延伸许多手持设备,安全管理技术人员借助普通智慧手机、平板电脑在现场安全检查时,将安全隐患上传到 BIM 云平台,能及时进行提醒和处置。在该项目上,安全管理员、BIM 项目组可以通过手机随时拍照上传到 BIM 云平台(图 5-54)。根据安全风险值可以通过不同颜色色块来体现安全预警的等级,管理人员收到信息后,采取相应防护措施。相较于传统人工记录的方式,基于 BIM 云平台的安全管理,便于追踪安全隐患,避免遗漏,确保安全管理路线闭合。

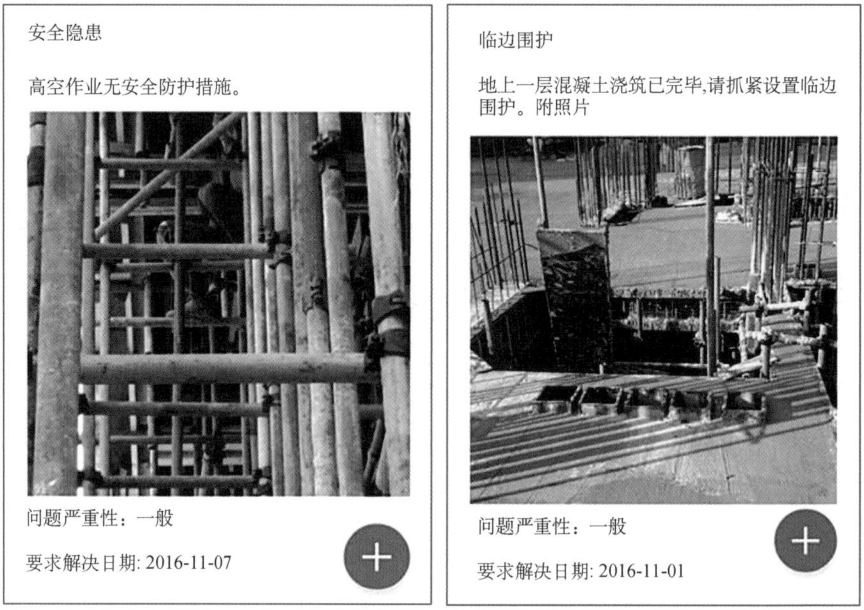

安全隐患

高空作业无安全防护措施。

问题严重性：一般

要求解决日期：2016-11-07

临边围护

地上一层混凝土浇筑已完毕，请抓紧设置临边围护。附照片

问题严重性：一般

要求解决日期：2016-11-01

图 5-54　BIM 云平台动态安全管理

5.15　竣工 BIM 构建

5.15.1　目的和价值

在医院建设项目竣工验收时，将竣工验收信息添加到施工过程模型，结合现场施工的真实情况进行复核，并修正 BIM，保证模型与工程实体一致，从而形成各专业竣工 BIM，为竣工结算及构建运维模型奠定基础。

5.15.2　应用内容

（1）收集竣工验收相关数据资料，包括竣工图纸、现场工程变更等资料。

（2）将竣工信息添加到作业模型中，并根据实际建造情况进行修正各专业 BIM，保证模型与工程实体的一致性，以满足交付运营的要求。

（3）竣工验收资料可通过竣工验收模型进行检索、提取，并按照相关要求进行竣工交付。

5.15.3　应用流程

基于 BIM 的竣工验收应用操作流程如图 5-55 所示。

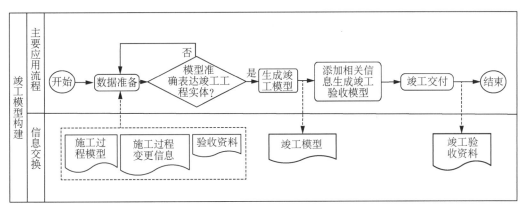

图 5-55 基于 BIM 的竣工验收应用操作流程

5.15.4 应用范例

【范例 5-20】 某市胸科医院科研综合楼项目竣工 BIM 构建

科教综合楼竣工 BIM 构建,在装饰面封板之前,由施工单位、监理单位、业主方及 BIM 咨询单位一起,将现场机电管线等完成的工作内容与 BIM 进行对比(图 5-56),发现误差之处,调整各专业 BIM 与现场吻合,提供电子存档,最终形成竣工 BIM(图 5-57)。

图 5-56 现场工作内容与 BIM 进行对比

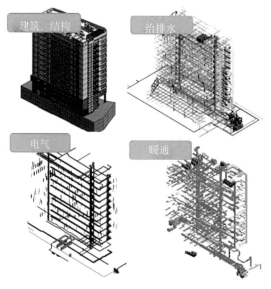

图 5-57　各专业竣工 BIM

5.16　开办准备辅助

5.16.1　目的和价值

为了保证医院建设项目能够在工程建设竣工验收后快速启用,基于 BIM 技术辅助诊疗空间的医用家具、设备、设施的采购、安装和联动调试,满足医疗流程和医疗服务的需求。

5.16.2　应用内容

(1)基于 BIM,进一步增加家具、设备、设施信息,用于开办前的使用规划方案制订、采购统计分析、开办经费申请及评审等。

(2)利用 BIM,进行开办前的各项检查、测试和模拟,包括空间、设备、设施、流线、家具和人员培训等,若有必要,可进一步整改。

(3)基于 BIM 技术进行开办管理工作,遵循"早启动、多联动"的原则。相关开办管理工作甚至可提前至施工、设计和前期策划阶段,达到"以终为始、面向运营"的实施效果。

5.16.3 应用流程

（1）收集数据，并确保数据的准确性，包括医院项目各功能空间的家具、设备和设施。

（2）在施工图设计 BIM 的基础上，加载开办数据信息，形成开办 BIM。

（3）基于 BIM 技术模拟复核诊疗空间三级医疗流程、功能实施参数等内容。

（4）依次进行物品采购、运输、安装和调试等系列工作，最后实现项目启用。

5.16.4 应用范例

【范例5-21】 某市中医医院新院区项目开办辅助

1）构建开办初始 BIM

开办初始 BIM 主要基于施工图构建，但区别于传统的用于管线碰撞、安装装饰的 BIM，该模型被赋予了医疗家具、医疗设备、强弱电点位等与医院开办相关的信息，如图 5-58 所示，在病房功能区域布置了 954 张病床，在行政办公区域布置了 195 个垃圾桶，诸如此类的开办详细信息，都在此模型中虚拟布置。并开始将各类设备与功能空间关联，进一步丰富该模型中的开办信息。

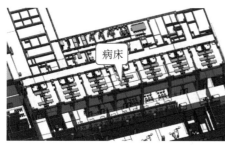

| (a) 病房功能区 | (b) 行政办公区 |

图 5-58　开办初始 BIM 范例

2）仿真复核三级流程

在医疗工艺策划专家的协助下，借助 BIM 仿真技术，对每一个功能房间（甚至包括污物间）的平面流程进行复核。如图 5-59 所示，模拟分析医生工作路径、门诊就诊行为、患者就诊路径等内容。然后基于这些行为模拟，与管理人员、医护人员、第三方等全部使用人群展开充分讨论，优化功能区域的布置。

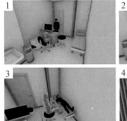

(a) 医生工作路径　　　　　(b) 门诊就诊行为　　　　　(c) 患者就诊路径

图 5-59　仿真复核三级流程

仿真复核三级流程后,可进一步优化设计和深化设计。一方面是对平面设计中的家具设施摆位、空调光线设计等进行优化;另一方面开展配套的强弱电点位的深化设计,如图 5-60 所示,为某诊疗房间的点位设计,并且对 BIM 中的点位赋予施工安装和开办管理所需的信息(表 5-4)。此项工作为信息开办、设备开办提供了数量和位置双重基础数据。

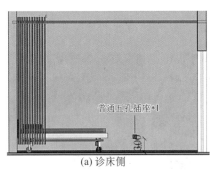

(a) 诊床侧　　　　　　　　　　(b) 工作位侧

图 5-60　诊疗房间的点位设计复核范例

表 5-4　诊疗房间的点位设计项目统计表

弱电项目	数量/个	备注
观片灯五孔插座	1	距地 1.3 m
普通五孔插座(工作台上方)+ UPS 需求、区分	2	距地 1.05 m
普通五孔插座(工作台下方)+ UPS 需求、区分	2	距地 0.3 m
电话网络插座	1	距地 0.3 m
网络插座	1	距地 0.3 m
普通五孔插座(诊床)	1	距地 0.3 m

3）编制房间功能平面图及配置表

房间是医疗建筑最基本的功能单元，开办涉及的全部设备及物品均分布在各个房间里。依据三级医疗流程优化后开办 BIM，编制房间功能平面图（图 5-61）及配置表（表 5-5），实现开办物品与使用房间一一对应，供房间使用者复核，从而进一步落实开办需求的设备设施品种和数量，避免多算或漏算现象的发生。实践证明，以单元房间作为开办的统计单位可以起到事半功倍的效果。

图 5-61　房间功能及配置平面图

表 5-5　典型诊室配置表

项目名称	数量/个	备注
诊桌	1	L 形，可拼接
诊查床	1	2 000 m×800 mm
诊椅	1	可升降，不需要万向轮
圆凳	2	不需要万向轮
衣架	2	可不配置医生衣架
帘轨	1	L 形
洗手盆	1	挡水板、洗手液、纸巾
垃圾桶	1	不需要大型垃圾桶
打印机	1	医院通用
电话机	1	医院通用
工作电脑	1	医院通用
观片灯	1	部分诊室需要选择配置

4）完成开办"量"统计

基于房间单元,全部设备、物资都在开办 BIM 中进行布置,并且通过医疗工艺三级流程的模拟分析,优化房间功能布置,然后生成平面图及配置表,经过房间使用者(医护及管理人员)复核,可确定开办实施 BIM。基于此开办模型,根据该模型的三维空间定位信息和其他数据信息,可以非常方便地生成多种用于开办申报的信息表单,主要项次可包括数目、价格、规格、定位和区域分布等内容。

运维阶段应用

　　医院建筑运维期较长,成本占据全生命期的 80% 左右,也是医院建筑功能得以充分发挥的关键阶段。同时,医院建筑功能特殊,需要消耗大量的能耗,对运行安全要求也较高,因此,医院运维阶段的精细化和智慧化管理极为关键。BIM 技术在医院建筑运维阶段应用的目的是提高管理效率、保证安全运营、提升服务品质及降低管理成本,为设施的保值增值提供可持续的解决方案。运维阶段应用的主要内容包括:运维应用方案策划、运维应用系统搭建、运维模型构建或更新、空间分析及管理、设备运行监控、能耗分析及管理、设备设施维护管理、BA 或其他系统的智能化集成、模型及文档管理、资产管理、应急管理,并逐步推进 BIM 技术向 CIM 技术发展应用,探索 BIM、CIM 技术在智慧医院和智慧城市管理中的应用。

6.1　运维阶段应用方案策划

6.1.1　目的和价值

　　运维阶段应用方案是指导医院建筑运维阶段 BIM 应用的关键文件,根据医院项目的实际需求制订,旨在保证医院建筑绿色、安全和高效运营。基于 BIM 的运维应用方案应提前制订。运维方案宜由医院后勤管理部门牵头、专业咨询服务商支持(包括 BIM 咨询、FM 设施管理咨询、建筑设计咨询等)、运维管理软件开发商和医院管理其他部门共同参与制订。

6.1.2　应用内容

　　(1)基于对医院建筑运维的需求调研分析、功能分析与可行性分析,进行运维阶段 BIM 应用策划,编制策划方案。

　　(2)编制运维阶段 BIM 应用实施方案。实施方式是策划方案的细化和深化,有关内容和深度虽没有明确规定,但建议包含空间分析及管理、设备运行监控、能耗分析及管理、设备设施维护管理、BA 或其他系统的智能化集成、模型及文档管理、资产管理、应急管理等所有应用点。

6.1.3　应用流程

　　运维阶段应用方案策划操作流程详见图 6-1。

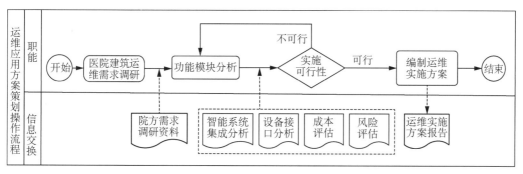

图 6-1　运维阶段应用方案策划操作流程

6.2　运维系统搭建

6.2.1　目的和价值

　　医院建筑运维系统搭建是该阶段的核心工作,为实现医院建筑可视化、参数化、智能化运维管理构筑良好的基础。运维系统应在运维管理实施方案的总体框架下,可结合短期、中期、远期规划,遵循"数据安全、系统可靠、功能适用、支持拓展"的开发应用总原则进行软件选型、开发和应用。

6.2.2　应用内容

　　医院建筑运维系统可选用专业软件供应商提供的运维平台,或在此基础上进行功能性定制开发,也可自行结合既有三维图形软件或 BIM 软件,在此基础上进行二次开发。运维平台宜利用或集成业主既有的后勤管理软件、智慧医院平台的功能和数据,开发相应的数据接口,打通既有医院部门运营数据库。运维系统宜充分考虑利用互联网、物联网和移动端的应用,逐步提高医院建筑运维的智能化和智慧化,为建设数字孪生医院、智慧医院和智慧城市奠定基础。

6.2.3　应用流程

　　医院运维应用系统构建流程详见图 6-2。

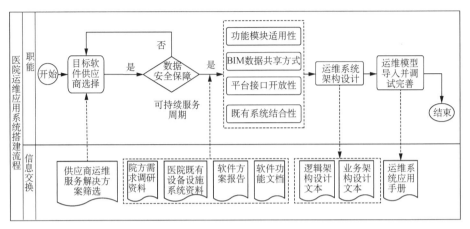

图 6-2　医院运维应用系统构建流程

6.2.4　应用范例

【范例6-1】　某市医院基于 BIM 的后勤一站式智能管理系统平台

该运维平台把基建过程中的每个设备参数、安装位置、实时动态情况等工程数据和建筑模型结合一起呈现,后勤运维数据管理关联,用三维可视化完全替代原先的资产管理、图纸管理,数据直接导入运维阶段,实现基建与运维管理的融合。

如图 6-3 所示,融合视频监控系统、消防监控系统、安防监控系统后,平台通过动态实时数据采集结合 BIM 数据导入,确保后勤运营设备能够实时可靠地实现全局展示,使用先进的用户界面构建全院三维实时报警和数据展现平台,在一个屏幕上完成全院实时监控;将建筑设备自控(BA)系统、消防(FA)系统、安防(SA)系统及其他智能化系统和建筑运营模型结合,形成基于 BIM 技术的建筑运行管理系统和运行管理方案。

图 6-3　基于 BIM 技术的建筑运行管理系统和运行管理方案

6.3 运维模型构建或更新

6.3.1 目的和价值

运维模型构建是医院建筑运维系统数据搭建的关键性工作。运维模型是在竣工模型轻量化处理后,增加相关运维信息而构建形成的。运维模型需要真实反映医院建筑的空间信息、设备设施及相关管线的实际布局情况和参数信息,如果竣工模型为竣工图纸模型,必须经过现场复核和更新,保持模型与现场实际布置信息完全一致,形成实际竣工模型。该模型在运维阶段可以动态更新,持续保持模型与实际情况吻合,从而为运维管理提供有效的信息基础。

6.3.2 应用内容

(1)针对新建项目,进行建设阶段 BIM 校对、更新和运维化转换;若不存在基础模型,则按照既有建筑建模方式处理。

(2)针对既有建筑,进行运维模型构建(可能需要逆向建模)。

(3)运维模型中数据的现场复勘、校对和完善,包括设备设施数据的完整性和准确性、数据是否满足既有标准、规范或规定(如标签、分类、编码和色彩设置等)、数据的逻辑关联和拓扑结构以及数据的通用标准对接等,以保证 BIM 运维数据模型与实际情况保持一致。

(4)模型的运维转换需要去除一些不必要的模型信息,增加必要的面向运维的模型信息,进行信息重组(包括优化模型、创建视图、优化属性和系统分类等),渲染表现效果,并采用轻量化技术尽可能减少模型对运行设备的要求。

(5)运维导向对医院建筑、设备和设施的 BIM 数据要求,包括编码信息、服务区域、类别信息(包括行业分类和医院自行分类等)、制造供应商信息(包括制造商、供应商、型号、编码和保证期等)、规格属性以及运维数据(包括工作状态、维护状态、维护历史和空间数据等)。

(6)考虑建筑施工运维的建筑信息交换(Construction Operation Building Information Exchange,COBie)国际通用标准以及国内技术标准的采用。

(7)模型运维转换既是技术问题,信息化问题,也是组织与管理问题。从数据的产生和来源看,运维数据由不同阶段产生,且提供单位也不同,因此,需要在项目之初明确数据提供的单位及职责分工。

(8)运维模型的维护是个长期持续的过程,根据更新的范围、工作量和难度采用不同的模式。若更新范围小且院方具有自身专业力量,可自行维护;若更新范围大或院方缺乏相应专业力量,可委托专业单位维护,委托的方式既可单次委托也可集中打包委托。

6.3.3　应用流程

模型运维转换工作流程详见图6-4。

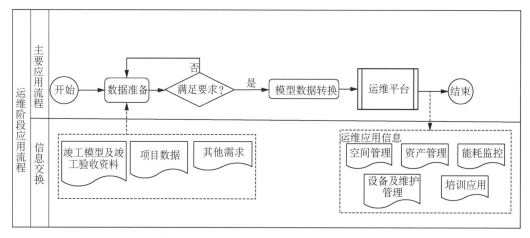

图6-4　模型运维转换工作流程

6.4　空间分析及管理

6.4.1　目的和价值

为了有效管理医院建筑空间,适应医疗工艺发展、医疗工艺流程优化、医疗设备更新等活动提供空间信息保障,保证空间的利用率,结合医院BIM进行建筑空间管理,其功能主要包括空间规划、空间分配、人流管理(人流密集场所)、空气品质监控、统计分析和空间改造分析等。

6.4.2　应用内容

(1)基于BIM,根据医院发展战略,制订空间使用规划、分配使用方案。

（2）制订空间分类、编码与色彩标准方案（可与设计阶段协同一致）。

（3）进行基于 BIM 的可视化空间分析和空间管理，例如不同功能空间的定位等。

（4）基于 BIM 开展空间统计分析，例如空间的自动测算及组合统计分析、各种功能的统计分析、空间的使用效率分析以及基于空间的能耗测算、投资测算、成本分析等。

（5）构建模块化或标准化的空间单元模型，例如手术室、实验室、病房及化验室等，协助空间设计检查及优化分析。

（6）结合智能传感等方式，获取空间环境中温度、湿度、CO_2 浓度、光照度、空气洁净度和有毒有害气体浓度等信息，进一步可获取碳（氮）氧化物排放、锝 99、氟 18、碘 131 等衰变射线监测数据信息，并结合其他专业软件进行分析，为病患服务及医务人员提供安全舒适的诊疗或康复空间环境。

（7）如有必要，开展空间改造分析。将办公家具、医疗设备、空间功能等静态元素，空间净高、设备布局、既有设备及关系等空间信息，以及医疗工艺流程、人流、实时能耗和气流组织（特殊空间）等动态信息进行集成，通过医务人员、维护人员、行政管理人员等的协同分析，为更新改造提供最佳方案。

6.5　设备运行监控

6.5.1　目的和价值

通过基于 BIM 技术的设备运行保障监控，以实时掌握医院建筑中的各类设备位置和运行信息，对运行故障进行主动预警或报警，从而保障医院各部门绿色、安全、高效运营。

6.5.2　应用内容

（1）通过基于 BIM 的设备可视化搜索、展示、定位和监控，大幅度提高设备查询的效率、定位准确程度以及应急响应速度，以应对越来越复杂的医院设备设施系统，并考虑与现有后勤智能化平台对接。

（2）支持基于 BIM 的拓扑结构查询，以查找、定位、显示甚至控制上、下游设备，辅助分析故障源以及设备停机的影响范围。

（3）设备模型的构建或维护，包括空调、锅炉、照明、电梯、生活水、集水井、医用气体、空压、能源计量、负压吸引、电力、气动物流和轨道物流等。

(4) 设备模型信息与实时监控数据的对接方案及实现,能按楼层、按设备、按点位和按使用空间进行分类、分组显示。

(5) 根据不同设备特点和需求,设置报警阈值(或动态阈值)及异常事件触发后的可视化展示方式。

(6) 对一个医院来说,既可同时监控多个院区、多个楼宇、多个设备,也可同时监控不同院区和不同楼宇的同一类设备的总体运行状态。监控和监测日志应包括时间、设备空间信息、监测事件、监测视频和归档档案等。

(7) 大修改造项目需要做好原有监测设备和新增设备的模型记录。在大修过程中应记录好因施工而影响的监测部位和监测设备的原有方案、临时方案和最终方案,以便后期恢复和查证。

6.6 能耗分析及管理

6.6.1 目的和价值

医院建筑是能耗较大的一类公共建筑,能耗指标也是判断医院建筑绿色等级的重要指标。利用建筑模型和设施设备及系统模型,结合医院建筑楼宇计量系统及楼宇相关运行数据,生成按区域、楼层和房间划分的能耗数据,对医院各功能区的能耗数据进行分析,发现高耗能设施的位置和所引发原因,并提出针对性的能效管理方案,进而降低医院建筑能耗。在"双碳"目标下,通过能耗管理降低碳排放指标也是绿色医院建设的重要任务。

6.6.2 应用内容

(1) 利用 BIM,集合楼宇能耗计量系统,生成按区域、楼层、房间、诊疗业务量和气象特征等分类的能耗数据,对能耗进行分析,以此制订优化方案,降低能耗及运营成本,打造智慧绿色医院。

(2) BIM 与能耗数据的集成方案及实现。包括通过相应接口或传感器等多源数据的集成和融合。

(3) 能耗监控、分析和预警方案及实现。包括远程实时监控以及预警的可视化展示、定位和警示提醒等。

(4) 设备的智能调节方案及实现。基于对能源使用历史情况的统计分析，自动优化节能使用方案，也可根据预先设置的能源参数进行定时调节，或者根据建筑环境和外部气候条件自动调整运行方案。

（5）能耗的预测及方案优化。根据能耗历史数据，预测未来一定时间内的能耗使用趋势，合理安排设备的能源使用计划。

（6）生成能耗分析报告或将能耗数据传递到其他系统，进行标杆分析，为医院各部门提供决策服务。

6.7 设备设施维护管理

6.7.1 目的和价值

基于 BIM 和物联网等技术，对设备进行实时监控、预警、日常智慧运维管理、制订前瞻性维护计划及主动维护管理等，以确保医院设备设施的正常运行，实现重点设备设施的"零故障"和韧性能力，充分实现设备设施的价值最大化。

6.7.2 应用内容

（1）将相应信息集成，生成前瞻性维护计划，例如对即将到达生命期的设施及时预警和更换配件，自动提醒维护人员，驱动维护流程，实现主动式智慧维护管理，以保障设备运行的高可靠性，降低运维成本，为医院高效能运行提供基本保障。

（2）基于 BIM 及 RFID、二维码、室内定位等技术，实现设备设施的运行监控、故障报警、应急维修辅助及快速响应突发事件，保障医院的运行安全。

（3）BIM 中设备设施的维护信息加载和更新。收集维护保养的相关信息，例如品牌、厂家、型号、保养计划、维修手册及保养记录等，将相应信息加载、更新挂接至 BIM 的相应属性、参数或数据库中。

（4）基于 BIM、历史数据以及维护要求，针对不同设备、不同区域、不同品牌和不同状态等多个维度，制订或生成维护方案和维护计划，基于事件驱动后勤管理流程，辅助维护管理。

（5）利用 BIM 及相应平台或终端设备，以及 RFID、二维码、AR 等技术，辅助提高日常巡检管理的效率和效果。

（6）利用基于 BIM 的相应平台、监控中心或终端设备，进行信息的交互与标注,实现可视化报修。通过维修计划的实施,自动派单与提醒,开展维修与保修管理。

(7)在执行设施设备的翻新或维护前,快速评估相应影响,例如切断某一电源后对受影响区域的影响分析等。

(8)在维修过程中,能通过室内定位与导航等技术,并通过 AR、移动终端等技术及设备,调取维护手册或操作视频,辅助维修,提高维修效率,降低操作错误率。

(9)维护信息统计、分析及决策支持。通过 BIM 以及运维海量数据管理,进行数据的存储、备份与挖掘分析,以及设备的全生命期管理。通过标杆分析,为设备采购、维护计划制订、能源管理及大修改造方案的制订等提供决策支持。

6.8 BA 或其他系统集成

6.8.1 目的和价值

为了提高医院建筑的智能化、集成化运维水平,将 BIM 技术与医院既有 BA、安防、停车等系统融合,进一步实现可视化、参数化和可模拟性分析,从而提高医院建筑运维系统的安全性和高效性,为建设智慧医院奠定良好的基础。

6.8.2 应用内容

(1)不管是新建项目,还是既有建筑,都可能存在建筑 BA 系统、安防、停车等成熟的、独立的智能化系统,BIM 和这些系统的集成有助于在更大程度上提升可视化和智能化水平。

(2)BIM 与现有 BA、安防、停车等智能系统的集成方案分析。

(3)对其他系统建议提供标准化数据接口及检测点位图,以方便可视化展现监控点位模型,实现 BIM 中定位及数据查看。

(4)基于 BIM 的 BA、安防、停车等智能集成平台的开发或引进。随着 BIM 的逐渐应用,会出现越来越多的基于 BIM 的智能化平台或潜在开发需求,需要结合医院自身特点、需求和应用环境,开发或引进相应平台。

(5)BIM 与现有 BA、安防、停车等智能集成平台的维护与升级。随着技术的不断发展,需要考虑这些系统的同步升级和集成功能的实现。

6.9 资产管理

6.9.1 目的和价值

利用 BIM 对医院资产进行数字化、信息化管理，辅助医院及医疗卫生管理部门进行投资决策和制订短期或中长期的管理计划。利用医院建筑运维模型数据，分析设备、设施及建筑空间等资产的利用率，优化医院资产数据库，为优化资产购置、提高资产管理效益奠定基础。

6.9.2 应用内容

（1）医院资产管理的范围很广，本部分涉及的范围主要是重要的建筑、建筑设备和设施资产，例如高估值设备和家具等。

（2）利用运维模型数据，评估改造和更新建筑资产的费用，建立维护和模型关联的资产数据库，从而转变只重视对医院有形资产的管理而缺乏对数据资产管理的传统观点。

（3）通过对医院建筑、设备和设施的数字化、虚拟化从而形成数字化资产，这些数据对资产管理及医院运维具有长期价值。

（4）基于 BIM 及二维码、RFID 等技术进行资产信息管理。包括资产的分类、编码、价值评估和维护记录等。

（5）利用 BIM 的可视化特点，对关键资产进行空间定位，以方便资产管理。

（6）通过手持终端、台账同步等方式，对资产信息进行更新和维护，并实现集中式存储、管理和共享。

（7）资产管理的数据分析及决策咨询。除了数据的存储以外，更重要的是数据的利用和挖掘，数据的集成与融合，以及数据驱动的应用，以最大化地进行全生命期设备运行的保值和增值。由于医院可能不断地进行改造和大修，需要保证历史数据的记录以及数据的更新，要对数据创建、产生、使用等全过程进行职责划分，要提出数据要求和数据标准。

6.10　安全与应急管理

6.10.1　目的和价值

基于 BIM 技术开展安防、消防和应急管理,制订医院运营应急预案,并且开展模拟演练,事前做好充分准备,有利于医院在发生突发事件时能获得及时、有序处理,利于控制事态发展影响,减少突发事件造成的直接和间接损失。

6.10.2　应用内容

(1)利用 BIM 开展视频监控的联动应用,包括信息查询、位置部署、实时信息展示和出入口管理等。

(2)与安防报警系统、电子巡更系统以及消防系统等联动应用,包括信息查询、位置部署、实时信息展示等。

(3)利用 BIM 及相应灾害分析模拟软件,模拟灾害发生过程,例如气体泄漏、生化实验室事故、传染疾病暴发等,制订应急疏散和救援方案。

(4)针对意外事件、突发事件和突发故障,通过实时数据的获取、监控调用,利用医院智能化化系统、BIM 数据和可视化展示方式,预警事故发生,显示疏散路径,制订或评估应急方案,以提高医院应急管理和弹性管理水平。

6.11　模型及文档管理

6.11.1　目的和价值

为了保证医院建筑运维阶段的各类信息能高效服务于医院精细化、智能化运维管理,对各专业模型和运营信息文档进行分类管理、动态更新。

6.11.2　应用内容

将项目全生命期的模型信息、数据信息、文档资料统一管理,实现项目运维数据、模型及资料数据库建设,为项目成员提供资料检索、预览、批注和版本管理。

6.12 基于 BIM 的运维系统应用

6.12.1 目的和价值

通过基于 BIM 的运维系统应用,实现医院医疗、科研、后勤等相关工作的提质增效,提高医院运营管理尤其是智慧化运营水平。

6.12.2 应用内容

(1)基于 BIM 的运维功能需求分析,以及对于现有运维系统的评估,评估二者结合的必要性、技术路线、成本、运行效果以及风险等问题。

(2)委托专业单位,开展基于 BIM 的运维系统采购或个性化开发。若采用开发方式,则包括功能需求分析、功能设计、开发、应用及维护。其中详细的功能需求分析是平台开发和采购的关键基础,一方面和成本有很大关联,另一方面也涉及未来成功应用的难度。功能庞大复杂的系统能解决运维中的大部分问题,但往往也存在成本高昂且应用难度高的问题。

(3)委托专业单位,开展基于 BIM 的运维系统和其他系统的数据对接及系统集成。

(4)模型的更新管理。能便捷地更新平台中的模型并跟踪变更过程及进行版本管理。

(5)基于 BIM 的运维系统培训和实施。大型平台系统的应用往往是一个系统工程,既需要软件和硬件支撑,也需要培训教育和组织支撑。应重视基于 BIM 的运维系统培训、实施方案的制订、组织和制度的配套变革等。

6.12.3 应用范例

【范例6-2】 某市胸科医院项目基于 BIM 的运维应用系统

某市胸科医院基于 BIM 的运维应用系统(图 6-5)。运维应用系统搭建的功能架构主要包括:运维总览、楼宇导航、空间管理、设备管理、资产物资管理、楼宇基建、综合分析、报表系统和系统管理等模块。

院级概览页面展示运维信息概览,可整体了解设备数量、设备能耗值、告警或预警设备数量及空间分布等信息。告警信息页面以可视化方式展示告警或预警信息,BIM 中通过闪烁的红点显示报警设备的位置(图 6-6),可查看告警设备详细信息。

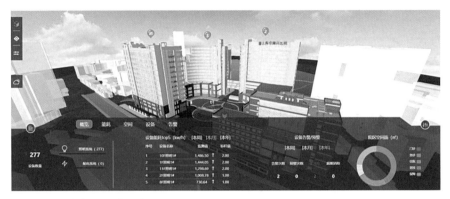

图 6-5　运维应用系统平台界面

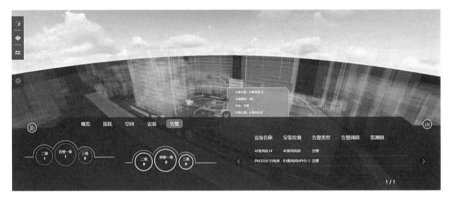

图 6-6　院级总览——告警位置

另外，以空间管理为例，空间报表页面如图 6-7 所示，主要提供展示楼宇空间功能面积分布，楼宇空间功能面积对比，以及查看空间参数等功能。

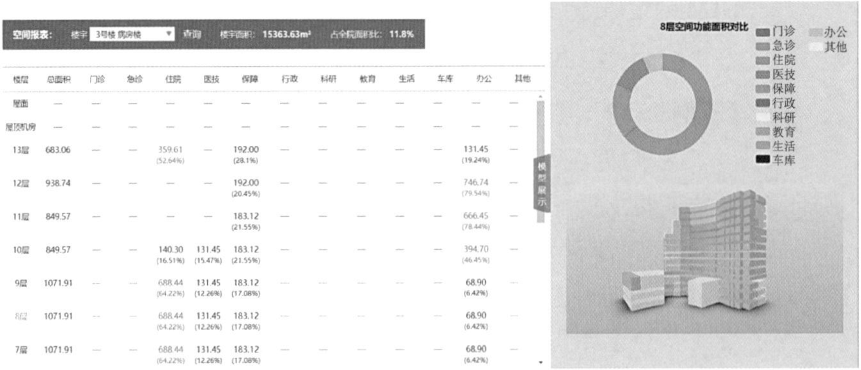

空间报表:　楼宇 3号楼 病房楼　查询　楼宇面积: 15363.63m²　占全院面积比: 11.8%

楼层	总面积	门诊	急诊	住院	医技	保障	行政	科研	教育	生活	车库	办公	其他
屋面	—	—	—	—	—	—	—	—	—	—	—	—	—
屋顶机房	—	—	—	—	—	—	—	—	—	—	—	—	—
13层	683.06	—	—	359.61 (52.64%)	—	192.00 (28.1%)	—	—	—	—	—	131.45 (19.24%)	—
12层	938.74	—	—	—	—	192.00 (20.45%)	—	—	—	—	—	746.74 (79.54%)	—
11层	849.57	—	—	—	—	183.12 (21.55%)	—	—	—	—	—	666.45 (78.44%)	—
10层	849.57	—	—	140.30 (16.51%)	131.45 (15.47%)	183.12 (21.55%)	—	—	—	—	—	394.70 (46.45%)	—
9层	1071.91	—	—	688.44 (64.22%)	131.45 (12.26%)	183.12 (17.08%)	—	—	—	—	—	68.90 (6.42%)	—
8层	1071.91	—	—	688.44 (64.22%)	131.45 (12.26%)	183.12 (17.08%)	—	—	—	—	—	68.90 (6.42%)	—
7层	1071.91	—	—	688.44 (64.22%)	131.45 (12.26%)	183.12 (17.08%)	—	—	—	—	—	68.90 (6.42%)	—

图 6-7　空间报表

楼宇导航功能模块用于在楼宇模型中进行各类操作,包括楼宇查看以及设备查看。楼宇查看主要是针对 BIM,可通过楼宇漫游(图 6-8)、楼层漫游或者功能区域漫游功能以第一人称视角查看楼宇情况。设备信息可以在模型中直接查看设备,掌握设备的拓扑情况。

图 6-8　楼宇漫游

【范例 6-3】　某省妇幼保健院 BIM 可视化综合运维管理平台

目前平台一期建设已经实现了对院区总览、空间管理、设备管理、安防管理及新生儿空气品质管理等功能模块开发,并针对人防管理、应急管理应用需求制订了定制化的产品解决方案。

如图 6-9 所示,院区总览模块的数据统计是建立在各个功能模块数据基础上的统一和汇总,根据医院运维决策管理需求可以为决策层提供数据支持。

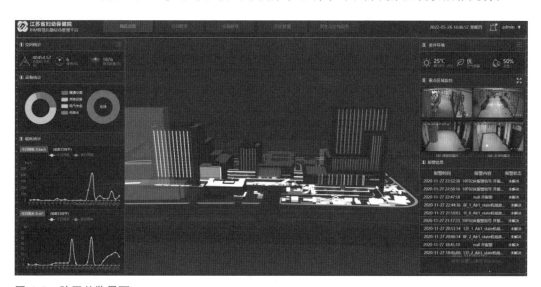

图 6-9　院区总览界面

如图 6-10 所示，空间管理模块建立针对空间运维管理应用的空间台账数据库，基于空间数据库进一步实现空间管理需求形成对应的分析展示数据。

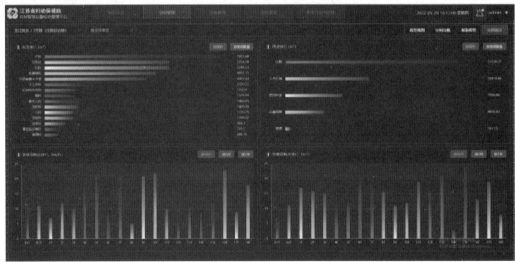

图 6-10　空间管理（模型视图、空间台账）

如图 6-11 所示，设备管理模块建立针对设备设施管理应用的设备设施台账数据库，实现三维可视化静态数据与动态数据集成，为运维管理工作提供全面、直观、实时准确的基础数据支撑。将传统的被动维修运维工作方式提升为主动、预防性的维护，有效把控管控风险与管控成本。

图 6-11　设备管理（模型视图、设备台账）

　　如图 6-12 所示，安防管理模块目前实现了视频监控系统的接入。可实现通过三维轻量化视频三维模型联动视频监控查询，也可根据管理需求设定对重点区域实时视频画面显示及监控点数据统计等相关应用。

　　如图 6-13 所示，人防管理模块实现基于三维虚拟动态显示和数据统计分析应用，为战时防空和应急提供空间三维交互界面、战备资源分析和调度，通过建立建设全方位、多元化、系统化的知识库，实现可视化、科学、智能和准确的组织指挥，有助于提高指挥效率。

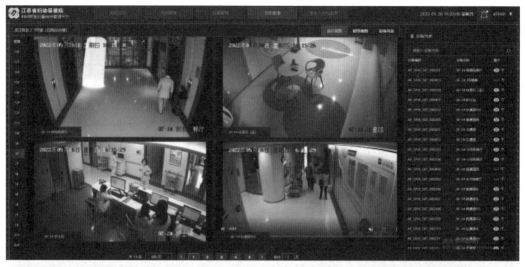

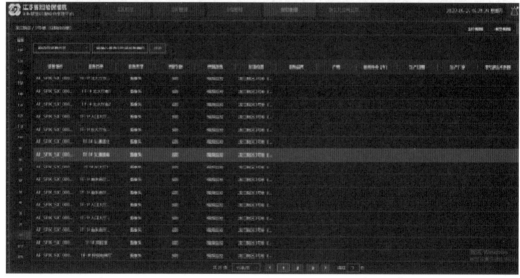

图 6-12　安防管理(重点监控实时视图、监控设备台账)

　　如图 6-14 所示,应急联动管理是根据医院实际运行情况为紧急和突发的非正常运行工况而制订的一系列流程、制度、预案等应对措施的管理工作。

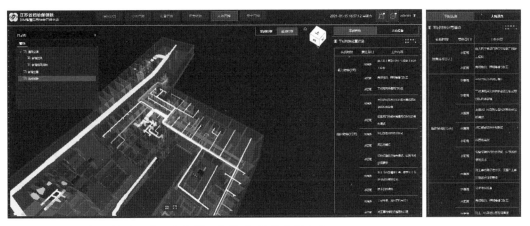

图 6-13 安防管理（战时土建机电布置三维模型、战前处置方案）

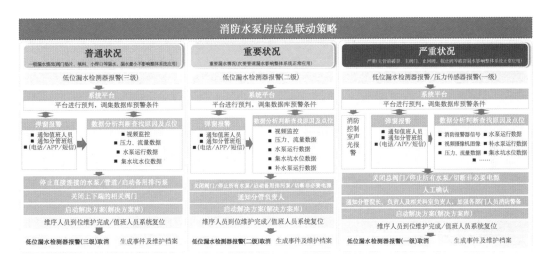

图 6-14 消防水泵房应急联动策略

改扩建和修缮工程应用

7

改扩建项目通常是指对医院既有的老建筑进行局部改造或在老建筑贴近之处扩建新建筑，并使得新旧建筑融合为一体。修缮工程项目通常是指对老旧建筑的装饰装修完全更新、对机电管线系统局部或全部更新、对建筑结构不作更新或局部更新的工程项目。改扩建及修缮工程有一个共同的特点是：实施方案受到老建筑的条件约束，由于老建筑是按旧标准建设，有的还具有历史文化传承的意义，因此对按新规范、新标准建设的实施方案提出挑战，增加设计和施工的难度。另外，医院建筑改扩建及修缮（大修）项目在施工阶段通常会有"边施工边运营、施工不停诊"的需求，因此进一步增加了项目实施的难度。应用 BIM 技术进行事前模拟分析，优化实施方案，可达到良好的实施效果。

7.1 改扩建及修缮信息模型构建

7.1.1 目的和价值

通过改扩建及修缮（大修）信息模型的构建，梳理医院建筑既有的几何空间、性能参数等信息，同时增加更新、改造相关信息，从而为顺利推进项目实施奠定良好的基础。

7.1.2 应用内容

（1）院方必须配合设计方使用待修项目竣工图纸进行模型复建工作，并添加相关设计信息；对于图纸不完全的项目，院方组织牵头，配合现场进行三维激光扫描、拍照、录视频及现场测量等工作，保证模型与建筑实体的一致性。

（2）设计方需将最终模型成果保存为规定格式文件（如 rvt），提交成果须同时提供规定格式文件（如 dwf），同时还需提供相应的规定格式文件（如 nw），方便对模型进行查阅及后续应用。

（3）设计方需根据修缮模型深度要求，配合修缮设计任务完成设计模型，并根据现场实际情况进行完善。同时要求模型可以完整反映各机电点位，可以进行后期的施工配合管理。

（4）施工方应做好施工组织及工期安排工作，为后续数据的正确拼接提供有利条件。

（5）院方与设计方应在大修进行前对三维数据留存，与大修设计中新增的部分(如机电管道系统)进行对比,对于大修新增加的部分提供给施工方以重点关注,做好现场复勘工作。

(6) 施工方应测量并记录现场真实数据,并且与既有建筑竣工模型对应位置进行比较,查找差异原因,以便为后续施工提供依据。

7.1.3 应用流程

改扩建及修缮(大修)项目大多年代久远,许多三维模型数据已不存在,且CAD 图纸不全,只存在竣工蓝图,为保证 BIM 技术的顺利实施,需对原建筑的现场条件进行匹配,进行模型逆向复建工作。改扩建及修缮(大修)项目模型构建管理基本流程如图 7-1 所示。

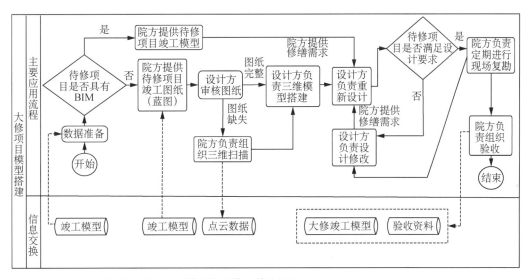

图 7-1 改扩建及修缮(大修)项目模型构建管理基本流程

7.2 建筑性能分析

7.2.1 目的和价值

在项目实施之前需通过各类建筑性能模拟分析,以优化设计与施工方案,从而提高医院建筑品质,满足改扩建及修缮工程项目的绿色建筑指标、医疗工艺流程、医疗卫生安全等需求。

7.2.2 应用内容

改扩建及修缮(大修)项目受制于原有建筑条件,建筑性能提高有限,因此需要对修缮部分进行性能化分析。分析内容及注意点主要包括如下。

(1)门诊高峰期人流模拟:设计单位对门诊大厅进行人流分析,模拟就诊过程中典型的人群心理和行为,得出人员疏散的速度与安全性分析;院方根据分析结果对设计方垂直交通设施,如电梯、自动扶梯等以及相应的指引设施(如指示牌)设置提出修缮意见。

(2)中庭自然通风分析:设计单位对门诊大厅的自然通风效果进行验证,提交设计方作为大修设计过程中室内自然通风利用的设计依据。

(3)中庭自然采光分析:设计单位利用三维设计模型对待修项目的自然采光光照进行模拟分析,判断是否符合绿色建筑标准的目标,分析结果提交设计方作为是否需要增设人工照明的依据。

(4)手术室、净化层、发热门诊等特殊诊疗空间,需模拟分析人流、物流、气流,有效组织气流,利于进行感染控制管理和疫情防控管理。

(5)依据不同分析软件对模型的深度要求,专项分析模型应满足该分析项目的数据要求。

(6)模拟分析报告应体现模型图像、软件情况、分析背景、分析方法、输入条件、分析数据结果以及对设计方案的对比说明。

7.3 交通设施分析

7.3.1 目的和价值

为了有效组织医院诊疗空间人流的水平和垂直交通,需在项目实施前进行交通设施运行的模拟分析,优化其设备选型、空间布置和运行管理方案,从而达到大修改造预期的提升效果。

7.3.2 应用内容

针对待修项目新增交通设施(如自动扶梯)对建筑布局的影响,从设施的位置、方向、型号以及对人流疏散的影响等各方面进行模拟分析,辅助院方决策。交通设施分析的注意要点主要包括:

(1)依据不同分析软件对模型的深度要求,专项分析模型应满足该分析项目的数据要求。

（2）模拟分析报告应体现模型图像、软件情况、分析背景、分析方法、输入条件、分析数据结果以及对设计方案的对比说明。

（3）动画视频应当能清晰表达建筑物的设计效果，并反映主要空间布置、复杂区域的空间构造等。

（4）漫游文件中应包含全专业模型、动画视点和漫游路径等。

7.4　装饰效果分析

7.4.1　目的和价值

为了辅助医院方对整体装饰风格的把控，加快设计方案的修改、调整与完善进度，对改扩建及修缮（大修）项目装饰效果进行系列化的渲染和漫游分析，以利于医院领导班子及建筑使用部门快速确定实施方案。

7.4.2　应用内容

（1）装饰效果中能反映医用系统的详细点位和末端设备，并能满足三级医疗工艺流程的需求。

（2）动画视频应当能清晰表达建筑物的设计效果，并反映主要空间布置、复杂区域的空间构造等。

（3）漫游文件中应包含全专业模型、动画视点和漫游路径等。

（4）可采用 VR 眼镜等设备，增强装饰效果的展示，利于提高医院方对实施方案的全面认识，提高沟通效率。

7.5　改扩建及修缮施工模拟

7.5.1　目的和价值

医院改扩建及修缮工程施工条件复杂多样，有整幢搬迁后施工的，有局部几层搬迁至其他层使用的，也有逐层搬迁逐层施工的，等等。通过应用 BIM "虚拟建造"模拟分析，优化施工方案，将施工人流、物流、车流对医疗人流、物流、车流的影响降到最低，从而最大限度地满足医院"边施工边运营、施工不停诊"的需求。

7.5.2　应用内容

（1）模型应表示施工过程中的活动顺序、相互关系及影响、施工资源和措施等施工管理信息。

（2）施工模拟动画应当能清晰表达施工方案的模拟情形。

（3）可行性报告应通过三维建筑信息模型论证施工方案的可行性，并记录不可行施工方案的缺陷与问题。

（4）模型应准确表达构件的外表几何信息、施工工序及安装信息等。

（5）进度控制报告应包含一定时间内虚拟模型与实际施工的进度偏差分析。

7.6　运维模型与系统集成

7.6.1　目的和价值

为使得医院改扩建及修缮工程及时融合到整个院区运维管理系统中，需要构建运维模型，开发设计相关应用模块，进行功能融合，从而提高医院整体运维管理水平。

7.6.2　应用内容

（1）院方应通过调研方式根据各用户群需求确定改扩建和大修项目运维需求，若需要采购运维平台，应根据运维需求，综合考虑成本、实用等因素对运维实施平台进行调研，确定平台采购原则。

（2）BIM 咨询单位需要提供竣工模型，移交给运维平台技术人员进行运维模型的维护。平台技术人员需对模型与关键位置的设施设备详情进行比对，保证模型满足运维需求。其中：运维模型要求设备模型的几何尺寸、基本属性性能满足应用需求；运维模型需要具备产品设备技术参数、条码编号、安装日期、质保、备件、维护步骤和设备操作手册等运维信息集成。

7.7　改扩建 BIM 应用综合范例

【范例7-1】　某市医院病房综合楼改扩建项目新旧建筑贴建应用

在百年老院区内的旧建筑病房综合楼旁边扩建新病房楼,并要求新旧两幢楼融为一体。该项目位于医院本部内西南角,北侧临近江南古典花园,西侧临近两幢居民楼,东侧为医院 6 号病房综合楼。因为建筑贴建,需实现"六大融合",主要包括新旧楼外立面的融合、建筑结构的融合、下沉花园景观的融合、院内新旧管线的融合、医疗流线对接的融合和机械式停车库与交通系统融合。应用 BIM 技术,模拟分析设计方案和施工方案,解决以上难点,避免建设过程中发生一些问题而造成直接经济损失、影响施工的正常进行,避免影响医院的正常运营。

1)新旧建筑外立面融合

由于新旧建筑贴建,新建病房综合楼的外立面需要与贴建建筑进行融合,进而达到整个医院建筑的美观和谐。在 BIM 技术模拟情境下,绝大多数的材料可在仿真环境中得到还原。经过对该项目的外立面效果漫游模拟,确定了外立面设计风格与特色如图7-2所示。通过 BIM 模拟分析,设计确定新建病房综合楼将在首层采用石材。此外,使用颜色相近的哑光铝板及幕墙做外立面,与原有建筑风格相匹配,在保证建筑具现代简洁外观的同时,对周边不造成光污染。

图 7-2　新旧建筑外立面融合(BIM 漫游截屏)

2)新旧建筑结构融合

在建筑结构融合方面,通过 BIM 软件建模分析,控制结构沉降量,保证新建筑与旧建筑贯通楼层的楼面标高一致,不影响管线贯通和装饰装修等其他

专业施工。新旧建筑在相同或类似功能的装饰上也要进行融合(图7-3),基于
BIM 漫游模拟在风格上尽可能地统一。

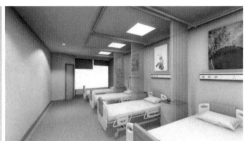

图 7-3　新旧建筑室内装饰融合(贯通楼层)

3) 下沉花园景观融合

医院既有花园与新建大楼间设有下沉花园,除满足地下一、二层食堂客观
采光通风及消防疏散要求的同时,也是与既有花园相结合从而给医院带来一
道亮丽的景观。针对下沉花园的景观以及各类植被进行了 BIM 仿真漫游模
拟,同时也还原了原有花园的景观,实现新建下沉花园与既有花园的融合(图
7-4),整体把控花园建成后的景观效果。

1.木质平台
2.景观瀑布
3.观景廊道
4.景观草地
5.景观雕塑
6.景观叠水
7.垂直绿化
8.毛石挡墙
9.古树香樟
10.喷泉水景
11.生态小溪
12.特色树池

图 7-4　新建筑下沉花园与既有花园融合

4) 新旧建筑管线融合

在管线融合方面,包括两部分内容:①新建筑与旧建筑在地下室和贯通楼

层的机电管线需融合;②新建筑的管线需与旧院区的室外市政管线融合。应用 BIM 技术 + 物探技术,精确获得原有管线勘探情况,结合最新管线改建搬迁施工图纸,构建新旧建筑管线融合的 BIM(图 7-5),消除管线冲突问题,并基于 BIM 进行管线施工技术交底,以降低在地下施工中产生的风险。

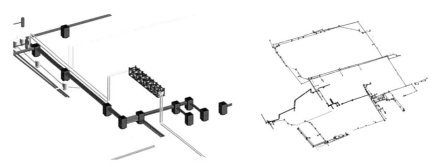

图 7-5 新旧建筑室内外管线融合

5)新旧建筑医疗流线对接融合

新楼与旧楼贴建,在功能上也存在交互。针对与原病房楼存在流线对接融合的楼层进行了第一人称视角 BIM 仿真漫游模拟,以此更直观地与医护人员交流了解需求和讨论分析。如图 7-6 所示,通过 BIM 模拟分析,优化医疗工艺流线,保证洁污分流、医患分流,且保持流线之间的相互干扰最小,实现新旧建筑之间的医疗工艺流线融合。

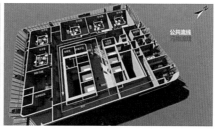

图 7-6 新旧建筑医疗流线对接融合(平面图及 BIM 模拟分析截屏)

6)智能车库与交通融合

医院地下三层设计为智能车库。如图 7-7 所示,BIM 技术模拟分析智能车库与交通的融合主要体现在仿真模拟存取车情况,估算存取车等待时间,结合院内外的交通模拟和分析,根据模拟结果可以为车库的设计提出优化意见,得出的数据亦能给后期车库的实际运营提供参考。

图 7-7　智能车库与交通融合(BIM 模拟分析)

【范例 7-2】　某市胸科医院住院楼大修项目新旧机电双系统同步运行的逐层
大修应用

　　该项目位于胸科医院院内,住院楼(2 号楼)建成时间为 2006 年,总建筑面积 26 293 m²,地上 15 层,地下 1 层。改造范围占院区面积比重大,建设要求高。该工程整幢建筑要求"边施工边运营,施工不停诊",逐层大修,建筑内水、暖、电、气等专业存在"新旧双系统同时运行"的情况,这给工程大修建设的规划和管理增加了非常大的难度。

　　1) 新旧机电双系统同步运营

　　构建大修 BIM(图 7-8),经过多次专题会议及方案比选,实现"施工不停诊",最终决定整个大楼机电翻新的施工顺序如下。

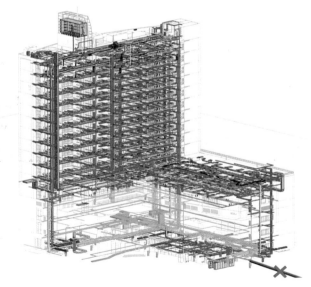

图 7-8　大修机电翻新范围 BIM 示意图

（1）消防泵房设备及冷水系统改造；

（2）竖向管井及楼层部分机电改造；

（3）顶层及强弱电机房建设；

（4）逐层机电改修及系统切换；

（5）调试验收及切断原有供电。

2）消防泵房设备及冷水系统改造

原有消防系统使用 2 组消防泵共计 4 个，2 备 2 用，因设备老旧已无法满足改建需求，消防设备间情况如图 7-9 所示。在 BIM 施工模拟论证方案可行性后的实际施工顺序是将消防系统中备用的消防泵先行更换，之后将消防系统切换至新换消防泵后再更换剩余 2 台消防泵及相关的阀门水管，从而完成泵房的改造。之后重做土建管井并跟随项目整体机电施工进度自下而上翻新消防管道。

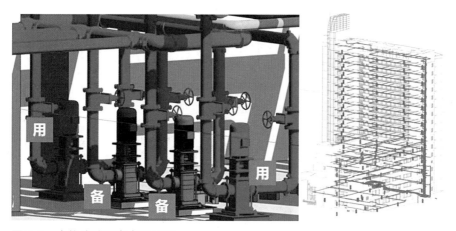

图 7-9　大修消防泵房水泵 BIM

3）竖向管井及部分电力系统改造

住院楼原有电力部分配电由门诊大楼地下一层总配电供应，虽能在一定程度上满足住院楼供电需求问题，但由于传输距离较远产生了电力损耗，同时大修后对电力也有更高需求，这使得在本次项目中需要对住院楼的电力系统进行大幅改造，原有电力系统示意如图 7-10 所示。为解决该问题，首先需要对住院楼地下一层的总配电间进行改造，增设配电柜，然后改造管井，再找合适的楼层增设变配电设备，最后逐层改修强、弱电平面，最终实现住院楼完全自主供电。

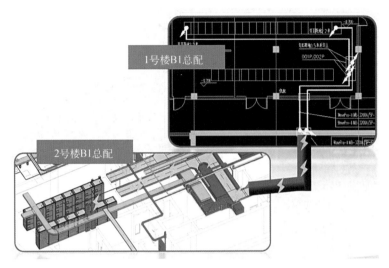

图 7-10　电力系统大修 BIM

4）顶层及强弱电机房建设

基于上述电力系统改造的方案，在完成了对总配电间以及管井的改造后，通过基于 BIM 的方案比选，最终确认在十五层增设强、弱电机房，在施工前也对该处机房的设备及桥架进行了预排布，强、弱电机房示意如图 7-11 所示。

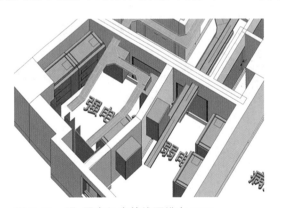

图 7-11　强、弱电机房管线预排布 BIM

5）逐层机电改修及系统切换

完成机房改修后，住院楼就已具备了完全自主供电的条件，接下来则是逐层对机电进行 BIM 管线综合排布。基于 BIM 成果逐层对机电进行翻修，管线综合成果示意如图 7-12 和图 7-13 所示。此外，在管线综合过程中还使用了三维扫描技术整合新建机电模型,以确保保留管线的位置确实准确,避免因实际偏差影响排布准确性产生的问题,如图7-14和图7-15所示。逐层完成机电施工的同时将对完成楼层的电力系统进行切换,最终达到八层以上的楼层都由新建强弱电机房进行供电,示意如图7-16和图7-17所示。

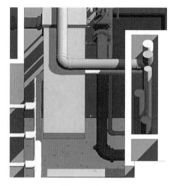 

图 7-12　管井改修 BIM 示意　　图 7-13　平面逐层改修 BIM 示意

图 7-14　三维扫描结合 BIM1　　　图 7-15　三维扫描结合 BIM2

图 7-16　系统切换前大楼供电示意　　图 7-17　系统切换后大楼供电示意

【范例7-3】 某市肺科医院发热门诊改造项目综合应用

某市肺科医院原有发热门诊位于门诊大楼一层中部,建筑面积仅有 250 m²,设置一张留观床位,空间非常局促,不能满足突发疫情状况下病患增多的救治需求。经过医院领导、后勤管理处、设计院等相关人员的研究分析,将原有发热门诊改变为其他普通门诊功能,同时将医院南面主入口西侧的体检中心(图7-18)改造建设为新的发热门诊。该发热门诊修缮项目为独栋两层框架结构,总建筑面积为 991 m²。

(a) 所在院区位置   (b) 现场实景

图7-18 发热门诊修缮项目

1) 功能区域的设计

通过构建BIM进行模拟分析,依据"医患分流,洁污分流"和传染性疾病"三区两通道"的原则,保障发热门诊的功能设置"六不出门",挂号、检验、检查、取药、治疗和留观都在一个门诊大门内完成。修缮设计过程中,清晰划分区域:一层包括清洁区、半污染区和污染区,二层包括半污染区和污染区。

2) 医疗流线的设计

基于BIM模拟,应急发热门诊的医疗流线设计,主要保证医护流线与病患流线不交叉,从而减少交叉感染事件发生的风险。如图7-19和图7-20所示,一层分别设计了医护入口大厅和病患入口大厅;二层分别设计了医护和病患使用的电梯,并且分别设置了医护走廊(半污染区)和病患走廊(污染区),有效地解决了医患分流问题,而且做到流线不交叉。电梯设置在污染区,二层洗消室和处置室设置在紧邻电梯和病患楼梯,污物流线很短,且易于运输。

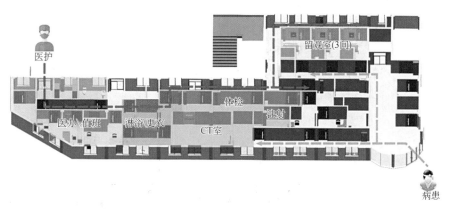

图 7-19　发热门诊一层医疗流线图

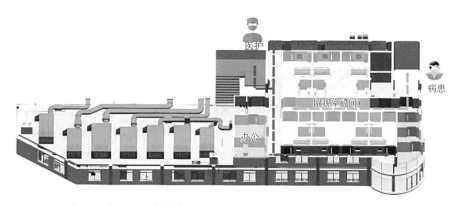

图 7-20　发热门诊二层医疗流线图

3）BIM 技术辅助应用

应用 BIM 技术辅助应急发热门诊的修缮设计，充分发挥 BIM 技术的可视化、参数化、可模拟性等特征，在该项目主要包括以下 BIM 应用点。

（1）构建 BIM，包括建筑结构模型（图 7-21）和机电专业模型（图 7-22），并且应用 BIM 进行多方案比选，辅助快速确定修缮设计方案。

（2）"BIM＋医疗工艺"模拟，辅助确定各功能区域房间的位置确定，保证医疗工艺流线清晰、不交叉，有效实现感染控制。

（3）基于 BIM 进行管线综合和碰撞分析，保证在既有建筑结构的条件下各负压房间空调等机电系统的安装，并保证净空高度满足使用要求。

（4）应用 BIM 技术进行空气动力学模拟（CFD），保证气流的流向：清洁区→半污染区→污染区，从而进一步控制感染发生的风险。

（5）应 BIM 进行装饰效果模拟和视频漫游分析，优化医疗设备和医用家具的布置，保证修缮设计的室内环境满足就诊需求。

（6）应用 BIM-4D 模拟施工工艺，保证修缮设计成果的可实施性。主要涉及既有建筑内二次结构（隔墙）和既有管线拆除施工，既有结构的加固改造施工；修缮设计二次结构施工，修缮设计强弱电、空调、消防、给水排水和医用气体等机电管线施工，室内装饰装修施工等相关内容。

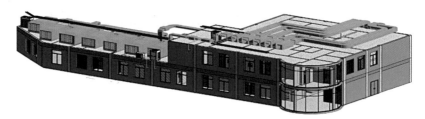

图 7-21　建筑结构 BIM

图 7-22　机电专业 BIM

8

基于BIM的项目协同平台

医院建设工程项目可能涉及医院方、代建单位、监理单位、设计单位、施工总承包和专业施工单位等，医院方也包括基建、后勤等多个部门，在整个医院建设过程中，还会产生大量的通知、图纸、证照和纪要等文档，这些文档需要进行版本管理并及时共享，否则会产生延误或者错误，给工程带来损失，因此信息共享、文档管理以及各方的高效沟通和充分协同至关重要。另外，在智慧工地和 BIM 应用背景下，要充分发挥视频监控、物联网和可视化技术等，实现基于 BIM 的项目协同平台。

8.1　项目协同平台开发（或引进）与应用的原则

在协同平台应用建设（功能规划和模块优化）过程中，要时刻结合实际情况，遵循统筹规划、分步实施，联合共建、互联互通和安全可靠等原则开展相关工作，具体如下。

（1）实用性原则：以现行需求为基础，充分考虑发展的需要来确定系统功能。系统应以 B/S 方式进行访问，功能子系统以模块化方式扩展；

（2）个性化原则：采用门户技术，能够提供个性化的服务，针对不同的系统用户设计不同的操作界面、操作内容及操作流程，方便于用户的使用；

（3）接口良好性原则：系统能够提供比较良好的接口，便于系统的维护与修改，同时可以比较方便地修改业务流程；

（4）安全性原则：系统应能提供网络层的安全手段，防止系统无关人员的非法侵入以及操作人员的越级操作，所有应用项目和软硬件都应当具有较好的安全方案；

（5）可靠性原则：系统设计应能有效地避免单点失败，在设备的选择和关键设备的互联时，应提供充分的冗余备份，一方面最大限度地减少故障的可能性，另一方面要保证网络能在最短时间内修复；

（6）成熟和先进性原则：系统结构设计、系统配置、系统管理方式等方面应采用国际上先进、成熟、实用的技术；

（7）规范性原则：系统设计所采用的技术和设备应符合国际标准、国家标准和业界标准，为系统的扩展升级、与其他系统的互联提供良好的基础；

（8）开放性和标准化原则：在设计时，要求提供开放性好、标准化程度高的技术方案，设备的各种接口满足开放和标准化原则；

（9）可扩充和扩展化原则：所有系统功能不但要满足当前需要，并在扩充模块后要满足可预见将来需求，保证建设完成后的系统在向新的技术升级时，能保护现有的投资；

（10）可管理性原则：整个系统应易于管理，易于维护，操作简单，易学，易用，便于进行系统配置，并能在设备、安全性、数据流量、性能等方面得到很好的监控，并可以进行远程管理和故障诊断；

（11）投资节约原则：充分利用已有设备和系统，实现已有数据的利用和保护，避免重复投资。

8.2　项目协同平台开发（或引进）与应用的内容

根据建设单位以及项目实际情况，可选择开发或者引进项目协同平台，相关工作内容或工作建议包括以下几个方面。

（1）编制基于 BIM 的项目协同平台应用规划和实施方案。根据所选择的项目平台特点，结合医院建设管理模式及项目的实际情况、应用需求，制订协同管理平台应用规划，明确应用目的、应用功能、应用范围、应用组织及职责、应用措施及制度、应用成果等。应用规划可由医院建设单位或代建单位组织 BIM 咨询单位、平台供应商以及总承包、施工监理、设计等单位进行编写。

（2）编制基于 BIM 项目协同平台的功能需求方案。功能需求方案应根据项目特定的实际需求和应用环境编制。通常而言，越是复杂和全面的功能，越能满足项目系统性需求，但成本和应用的难度也越高。

（3）若采用开发方式，需委托专业公司进行基于 BIM 的项目协同平台开发（或二次开发）及维护，并由 BIM 应用总组织单位负责实施。若采用引进方式，需要充分考察、试用和评估各类平台优缺点，在同等效用下，应优先考虑 BIM 咨询公司自有平台，以尽可能节省成本，也有利于平台的实施和二次开发。

（4）对于一些满足特定专业功能的基于 BIM 的项目管理软件，可考虑单独采购或要求 BIM 应用单位采购并包含于相应报价中，例如 4D 软件、基于 BIM 的造价分析软件等。

（5）建议采用基于云的项目协同平台，以利于平台的自动化更新和远程维护。

(6) 应用总组织单位组织协调各单位开展基于 BIM 的项目协同平台,进行必要的培训,并在应用过程中进行督促和检查。

(7) 可结合项目管理流程以及平台功能,确定标准化的工作流程,以实现基于协同管理平台的流程管理,规范项目管理过程,提高项目管理效率。

8.3 项目协同平台的功能

项目协同平台的功能在不断拓展中,不同的产品也具有不同的功能组合,以下简要介绍常用功能,供医院建设单位参考。

(1) 建筑三维可视化。可在电脑及手持终端的浏览器模式下,实现包括 BIM 的浏览、漫游、快速导航、测量、模型资源集管理以及元素透明化等功能。

(2) 模型空间定位。对问题信息和事件在三维空间内进行准确定位,并进行问题标注,查看详细信息和事件。

(3) 模型版本管理。能进行多个版本的记录、比较和管理。

(4) 项目流程协同。项目管理全过程各项事务审核处理流程协同,如变更审批、现场问题处理审批、验收流程等。需要考虑施工现场的办公硬件和通信条件,结合云存储和云计算技术,确保信息的及时便捷传输,提高协同工作的适用性。

(5) 图纸信息关联及变更管理。将建筑的设计图纸等信息关联到建筑部位和构件上,并在模型浏览界面显示出来,方便用户点击和查看,实现图纸协同管理。项目各参与人员通过平台和模型查看到最新图纸、变更单,并可将二维图纸与三维模型进行对比分析,获取最准确的信息。

(6) 进度计划管理。实现 4D 计划的编辑和查看,通过图片、视频和音频等,对现场施工进度进行反馈,或采用视频监控方式,及时或实时对比施工进度偏差,分析施工进度延误原因。

(7) 质量安全管理。现场施工人员或监理人员发现问题,通过移动终端应用程序,通过文字、照片、语音等形式记录问题并关联模型位置,同时录入现场问题所属专业、类别、责任人等信息。项目管理人员登录平台后接收问题,对问题进行处理整改。平台定期对质量安全问题进行归纳总结,为后续现场施工管理提供数据支持。针对基坑等关键部位,可通过数据分析,进行安全事故的自动预警或者趋势预测。

（8）造价（投资）与合同管理。将造价、计量、变更、合同信息与模型进行对应，实现 5D 管理，查看相关数据及组合的位置对应以及进展情况，将预警信息进行模型展示，提高造价（投资）与合同管理的准确性和工作效率。

（9）文档共享与管理。项目各参建方、各级人员通过电脑、移动设备实现对文档在线浏览、下载及上传，减少以往文档管理受电脑硬件配置和办公地点的影响，让文档共享与协同管理更方便。

（10）智慧工地管理。将物联网、摄像头等进行对接和集成，实现现场工况、电子围栏、人员进出、特种设备、基坑监测、材料进出场和装配式等信息与模型的对接，提高现场管理的可视化和智慧化程度。

（11）数据挖掘。随着平台的不断应用，数据不断积累，对数据进行挖掘与分析。

（12）安全和权限管理。由于 BIM、项目文档和项目数据存在知识产权和数据保护要求，平台需要具有严格的安全和权限管理功能。

8.4　BIM 应用的软硬件选择、构架及维护

（1）BIM 的应用和协同平台的使用需要参建各方配置一定性能的软件和硬件，包括工作站、个人电脑、移动设备、演示设备和监视设备等，并需要不断维护，包括升级、更换等。

（2）需要明确各软硬件规格型号要求及采购责任方。

（3）任何软件都有一定的局限性和优缺点，软件的选择应考虑数据和模型之间的共享，尽量避免软件之间过多的信息丢失和模型重建工作。

（4）现场建议提供无线传输网络和设备，并明确维护和管理单位。

8.5　项目协同平台的典型示例

某平台结合 BIM、智慧工地和移动终端技术，形成了基于 BIM 的项目云协同协同平台，供参建方在整个项目过程中进行实时管理和高效协同。

云协同平台包括智慧工地、现场管理、三维浏览器、BIM 全景、文档管理和系统管理等功能，如图 8-1 所示。通过各业务模块的数据汇集，形成不同角度

的智慧看板,便于从整体把握项目进展和项目健康程度。

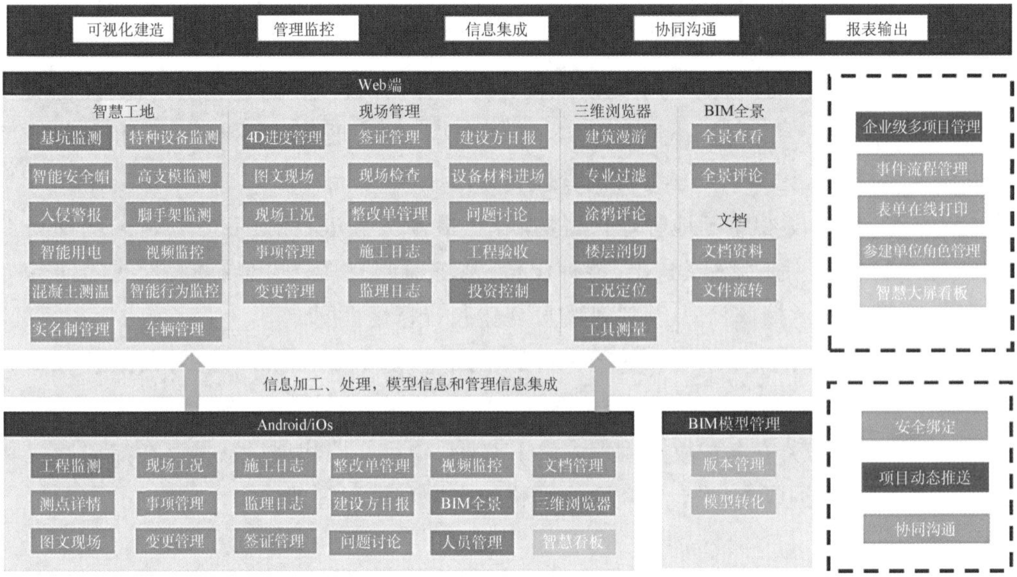

图 8-1　项目协同管理平台功能规划

8.5.1　智慧看板

智慧看板从不同维度通过可视化的方式直观展示项目整体情况。包括项目概况看板、智慧工地智慧看板、BIM 智慧看板等。项目概况智慧看板有大屏图表展示项目概览、项目最新进展、关键信息汇总,以及各类智能统计分析。智慧工地看板展示智慧工地方面的整体情况,包括最新监测数据、最新报警信息等,同时整合现场视频和全景,方便了解项目现场整体进展和现状。BIM 智慧看板展示项目 BIM 方面的总体信息,包括 BIM 全景、BIM 进度和实际模型对比、BIM 安全交底视频、BIM 施工模拟视频、管线深化成果等。

8.5.2　智慧工地

智慧工地模块利用各类传感监测设备,将现场各监测数据实时反馈到项目管理平台,便于及时预警发现问题。核心功能包括如下。

(1)基坑监测。基坑监测模块实现基坑结构以及各监测点的可视化展现,可展示各监测点的真实定位,根据现场监测数据对监测点进行预警、报警以及移动端的事件推送;根据监测点的数据变化进行趋势统计分析和预测。

(2)智能安全帽。智能安全帽模块可实现基于智能安全帽的人员定位功能,掌握项目人员所在位置,并在 BIM 中进行定位展示,便于对人员进行快速筛选查找和实时人员统计。

(3)入侵警报。入侵警报模块用于查看各类入侵安全警报信息。包括红外入侵警报、烟感消防警报、电箱违规开启警报和电子围栏警报等。

(4)智能用电管理。智能用电管理模块用于查看智能用电方面的信息。包括用电报警信息、各电箱用电趋势、总用电趋势以及用电分析。

(5)混凝土测温管理。混凝土测温管理模块用于展示施工现场混凝土测温方面的信息。包括混凝土测温报警信息、各监测点最新数据以及各监测点测温趋势,及时根据其变化趋势进行预测和采取相应措施。

(6)特种设备监测管理。特种设备监测管理模块用于展示现场特种设备,如塔吊、施工升降机、卸料平台等重大危险设备的监测信息。包括塔吊运行信息、塔吊实时监测数据、塔吊监测报警信息、各施工升降机监测数据以及各卸料平台监测数据。

(7)实名制管理。实名制管理模块用于展示现场人员实名制信息。包括项目现场实时人数统计、人员进出清单、按工种或工时的趋势统计分析等。

(8)智能行为监控。智能行为监控模块用于展示视频 AI 分析出的各种违规信息。包括项目现场实时的监控画面、智能行为分析(如违规翻越)、安全帽/工作服穿戴识别和材料摆放文明等违规行为,以及违规行为的趋势分析。

8.5.3　现场管理

围绕施工现场的进度、质量、造价、安全和变更等事项进行全面管理。核心功能包括如下。

(1)4D 进度管理。4D 进度管理模块用于管理现场实际进度与计划进度的偏差,及时根据计划进行纠偏,控制进度。

(2)图文现场。图文现场模块用于维护现场施工各类事件的记录。

(3)现场工况。现场工况模块用于反映现场发生的进度、质量、安全和文明施工等工况事件,并通过各参建单位的职责和预设流程进行在线处理,对事件进行闭环管理。工况可以与 BIM 关联,便于在 BIM 中查看工况发生的位置。

(4)事项管理。事项管理模块用于管理项目建设过程中发生的交办事项、文件审阅等任务,记录处理过程,跟踪处理状态。

(5)变更签证管理。变更签证管理模块用于管理项目建设过程中发生的各类变更和现场签证,记录变更金额和工期,存储变更依据。

（6）现场检查。现场检查模块用于管理施工过程发生的各类针对工程质量和施工安全的固定检查和其他检查等，记录检查过程和结果，并进行整改。固定检查点的检查，可结合在现场设置固定检查点，生成并打印二维码后布置在现场，同时可在三维模型内标记二维码位置。通过移动终端扫二维码，或者在页面上选择检查点名称，反馈检查信息。

（7）整改单管理。整改单管理模块用于维护项目发放整改单的功能。日常检查和现场工况可以组合成一张整改单，在系统里按模板打印生成正式的整改单。

（8）日志管理。包括施工、监理和建设方日志管理。施工日志模块是施工单位每日工作进展的总结形式，无论是否开工，均应如实填报。已经填报纸质施工日志的用户也可以将纸质施工日志进行拍照上传。监理日志模块为监理单位提供每日工作日志维护的功能。建设方日报模块提供建设单位发放每日工作总结报告等功能。

（9）设备材料进场。设备材料进场模块用于管理现场设备进场情况，验收和保管情况等信息。

（10）问题讨论。问题讨论模块是各参建方讨论管理或技术问题的空间，也可进行头脑风暴或者自由探讨。用户发起话题后，所有的用户均可以自由参与讨论，发起人可对话题进行关闭。

（11）投资控制。投资控制模块用于查看及管理投资控制完成情况，并利用 BIM 逐月查看计划与实际的偏差，异常数据突出显示，方便及时进行纠偏，控制项目进度。

（12）装配式管理。装配式管理模块实现对装配式构件生产、运输与安装的全过程管理。尤其是要对每个构件的生产过程进行跟踪和反馈，可以在 BIM 上以三维可视化的方式展示构件的当前进展情况，有进度滞后的构件通过警示色提醒，并发送提示信息。

（13）工程验收。工程验收模块是用于记录项目过程中各类验收的信息，包括分部工程验收、分项工程验收、隐蔽工程验收和竣工验收等。通过关键字可以检索验收内容、施工单位、验收情况中的内容。

8.5.4 三维浏览器与 BIM 全景

三维浏览器模块用于直观展示项目 BIM，支持拖拽、缩放、平移、漫游、专业过滤、楼层剖切、工况定位和工具测量等功能，支持对 BIM 进行评论，实现基于 BIM 的讨论和沟通。

BIM 全景是基于 BIM 生成全景图,便于查看项目设计各阶段方案。可全面观测项目全景,查看建筑细节。全景可按阶段进行更新,便于查看局部的全景。

8.5.5 文档管理

文档管理模块是项目资料管理中心。项目建设过程资料通过此模块分享和分类管理,项目竣工后,资料应归纳形成竣工验收文档。

8.5.6 系统管理

系统管理是用于维护项目基本信息以及项目基础数据设置和权限的功能。包括项目信息设置、项目组织结构管理、用户管理、权限管理、现场检查点管理及模型管理等。

9

成果要求、验收与应用评价

BIM 除了为医院建设工程全生命期管理提供技术支撑外,其应用过程还是一项服务活动,因此应具有可交付成果,这些成果应具备明确的要求,应进行及时验收以及水平评价。这些内容在各单位 BIM 应用合同中应进行明确。

9.1 成果要求

（1）根据不同类型的医院建筑和具体需求,进行 BIM 应用策划,选择适当的 BIM 应用方法。在项目的不同阶段,BIM 应用单位应及时提交 BIM 应用成果,主要包括模型、视频、应用分析报告等形式的文件,能够为医院建设项目管理提供支撑。

（2）策划及规划设计阶段的 BIM 应用成果主要包括:规划及方案设计、扩初设计以及施工图设计不同阶段、各专业、不同深度的 BIM;一级、二级、三级医疗流程的 BIM 模拟分析报告;医院内人流、车流、物流的交通组织模拟视频及分析报告;医院建筑的消防疏散、冲突检测、管线综合、净高和空间布局等其他性能模拟分析报告。成果提交应具超前性,及时提供给医院业主方、设计院等管理技术人员,充分应用 BIM 优化设计成果,提高设计成果的质量。

（3）施工准备及施工阶段的 BIM 应用成果主要包括:场地准备(既有建筑拆除、管线搬迁等)模拟视频及分析报告;施工场地规划模型及分析报告;地下工程、地上结构、管线设备安装及装饰装修工程的施工模拟视频及分析报告;施工进程中应用 BIM 进行进度、造价、质量与安全控制的分析报告。

（4）竣工验收阶段的 BIM 应用成果主要包括:建筑、结构、机电、医疗设备设施、装饰装修和市政景观等各专业竣工 BIM、文档、图片及视频等。

（5）运维阶段的 BIM 应用成果主要包括:运维化、轻量化处理的各专业运维 BIM,相关文档及软件系统。

（6）不同阶段的模型成果应满足合同约定的模型深度和细度要求。

9.2 成果验收

（1）在工程竣工验收阶段,BIM 应用单位应对项目全过程的 BIM 应用成果进行总结分析,提交成果汇总与分析报告,由医院(或建设单位、代建单位)组织 BIM 应用单位依据本指南、相应标准和合同约定进行成果验收。

（2）运维阶段的成果交付，主要包括运维模型的更新、运维平台的开发文件、软件平台以及使用手册等成果，由 BIM 应用单位依据服务合同约定的时间节点交付，并负责培训医院后勤管理相关人员，建设单位依据合同约定组织成果验收。

9.3 应用评价

9.3.1 应用评价对象与阶段

1）评价对象

评价医院建设项目在规划、设计、施工、运维、改扩建和修缮等过程及环节中应用 BIM 技术的专业技术水平、数据管理水平和数据互操作能力等，主要包括 3 个指标：①BIM 数据一致性，②BIM 数据互用性，③BIM 数据实用性。

2）评价阶段

BIM 工程应用贯穿规划、设计、施工、运维、改扩建及修缮等各个阶段，包括一级、二级和三级医疗工艺流程优化分析、现场数据采集、图纸会审、施工深化设计、施工方案模拟、构件预制加工、施工放样、施工质量与安全管理、设备和材料管理、施工进度控制、工程造价控制和医院项目开办管理等多个主要方面。

9.3.2 工程应用评价维度

1）BIM 数据一致性

（1）一般要求。

① 模型数据应根据模型创建、使用和管理的需要，依据《信息分类和编码的基本原则与方法》（GB/T 7027—2002）及相关标准的规定进行分类并赋予编码，保证模型元素编码的唯一性。

② 采用不同方式表达的 BIM 数据应具有一致性。

③ 用于共享的模型元素应能在医院建设项目全生命期内被唯一识别。

④ 模型的结构应开放和可扩展，且模型分类数据的各项属性应可进行扩展，增加模型元素数据宜采用属性或属性集扩展方式。

⑤ 模型分类数据的属性定义不应改变原有模型结构，并应与原有模型结

构协调一致。

（2）工程应用要求。

① 模型中需要共享的建筑信息数据应确保在医院建设项目全生命期各个阶段、各项任务和各相关方之间实现交换、共享和应用。

② 模型结构由分类数据、共享数据、专业数据组成，宜按照不同应用需求形成子模型，各子模型应根据不同专业或任务需求创建和统一管理，并实现信息共享。

③ 模型应根据医院建设项目各项任务的进展进行细化，其详细程度宜根据各项任务的需要和相关标准确定。

④ 模型可以根据医院建设项目的专业或任务要求，针对工程应用需求增加模型元素类别及模型元素数据。

2）BIM 数据互用性

（1）一般要求。

① 模型应满足医院建设项目全生命期协同工作的需要，支持各个阶段、各项任务和各相关方获取、更新、管理信息。

② 施工阶段医院建设项目各相关方之间模型数据互操作应符合《建筑信息模型施工应用标准》(GB/T 51235—2017)及相关标准的规定，并明确互操作数据的内容、格式和验收条件。

③ 医院建设项目模型数据交付与交换前，应进行一致性检查，检查数据应经过授权人审核，且数据内容、格式符合数据互操作标准或相关方共同拟定的协议。

④ 互操作模型数据的医院建设项目各使用方，应采用相同格式或相互兼容的格式。如互操作过程涉及数据格式转换，应保证数据的正确、完整。

⑤ 根据医院建设项目实现任务要求，确定互操作模型数据的内容，主要包含任务承担方接收和应交付的模型数据。

（2）工程应用要求。

① 在工程应用时，应明确医院建设项目全生命期各个阶段、各项任务的建筑信息模型数据交换内容与格式。

② 在工程应用时，开放的模型数据存储结构应便于互操作使用，应保证自定义的模型能够被相关方完整读取和使用。

③ 在工程应用时，模型接收方应当在使用数据前进行核对、校验和确认。

④ 根据模型创建、存储、使用和管理的要求，在工程应用时，应确保模型

数据能够被随时读取和共享应用。

⑤ 工程应用全过程,模型数据的存储应满足安全和保密要求。

3)BIM 数据实用性

(1)一般要求。

① 医院建设项目全生命期内,应根据不同阶段实施内容和任务的需要,合理使用和管理模型,并应根据医院建设项目的实际条件,选择合适的模型展示及应用方式。

② 模型应用前,针对 BIM 对医院建设项目各个阶段、各专业或任务的工作流程的适用性进行确认,必要时需对工作流程进行调整和优化。

③ 医院建设项目模型的创建和使用,应系统考虑各阶段应用的连贯性,在对上阶段或前置任务的模型数据合理利用的基础上,开展模型后续实施的各项工作,以保证模型使用的一致性。

④ 在医院建设项目全生命期内,相关方应确保模型的创建和使用符合既定的数据存储与维护机制,并建立实现协同工作、数据共享的支撑环境和条件。

(2)工程应用要求。

① 在工程应用前,应根据医院建设项目不同阶段、专业、任务的需要,对工程应用模型的类别和数量进行整体规划。

② 工程应用时,应确定医院建设项目各相关方参与人员对模型的使用权限,结合各方职责确定权限控制、版本控制及一致性控制机制,并建立支持医院建设项目数据共享、协同工作的环境和条件。

③ 工程应用各方宜在工程实施前协调确定模型支撑软件,所用软件应符合工程建设相关标准及其强制性条款要求,并在工程应用时可进行相应的专业浏览和模拟操作。

④ 工程应用时,各相关方根据任务需求确定模型的工程应用,应制订坐标系、度量单位、信息分类和命名等相关规则,提升模型在整体项目中的应用价值。

9.3.3 评价方式与方法

1)评价实施

BIM 工程应用评价过程中,评价实施机构应按医院建设项目的特点和要求,制订 BIM 工程应用评价实施计划。实施计划中应记录下列内容以支撑评价:

① 工程概况、工程规模、质量目标和进度要求；

② 模型应用的工程对象和应用范围；

③ BIM 使用的通用坐标系和相关数据结构及格式标准；

④ 不同类别建筑信息模型之间的数据互操作性要求；

⑤ 模型工程应用时执行的相关工程建设标准及其对标检查要求；

⑥ 模型应用项目的组织架构、应用方式及推进机制；

⑦ 模型创建负责人、各模型使用责任人及相关人员的职责、权限；

⑧ 图纸和模型数据的一致性审核情况、模型数据一致性的确认情况；

⑨ 模型数据交换方式及交换的频率和形式；

⑩ 模型工程应用成果的价值分析；

⑪ 模型工程应用的日期和工程应用日志信息。

评价的实施过程包括但不限于下列环节：评价准备、评价方案撰写、专家打分、综合评定以及评价报告撰写。评价时采用文件调查和现场调查的方式，包括查阅文件和记录、模型及视频成果演示、询问工作人员、观察现场等。评价的实施宜按《管理体系审核指南》（GB/T 19011—2021）中规定的方法进行。

2）工程应用评价打分

BIM 工程应用评价的打分划分为两类项目，即医疗卫生新建项目和医疗卫生改扩建及修缮（大修）项目，每类项目都可划分为规划、设计、施工和运维 4 个阶段。

对于新建项目各阶段的打分内容分别如下：

① 规划阶段（前期策划和规划设计）：含规划或方案模型构建、场地分析和土方平衡分析，建筑性能模拟分析，设计方案比选、虚拟仿真漫游、医院各类流线（人流、车流、物流）模拟、医疗工艺流程仿真及优化（一级）和特殊设施模拟分析，特殊场所模拟分析等内容。

② 设计阶段（初步设计和施工图设计）：含初步设计阶段的建筑、结构及机电专业模型构建，建筑结构平面、立面、剖面检查、医疗工艺流程仿真及优化（二级）、面积明细表及统计分析，建筑设备选型分析，空间布局分析，重点区域净高分析（初步设计），施工图设计阶段的建筑、结构、机电专业模型构建，冲突检测及三维管线综合，医疗工艺流程仿真及优化（三级），竖向净空分析（施工图设计），2D 施工图设计辅助、施工图造价控制与价值工程分析等内容。

③ 施工阶段（施工准备和施工实施）：含既有建筑的拆除方案模拟，市政管线规划及管线搬迁方案模拟，施工深化设计辅助及管线综合，施工场地规

划,施工方案模拟、比选及优化,预制构件深化设计及加工,发包与采购管理辅助,4D 施工模拟及进度管理辅助,工程量计量及 5D 造价控制辅助,设备管理辅助,材料管理辅助,设计变更跟踪管理,质量管理跟踪、安全管理跟踪,竣工 BIM 构建,开办准备辅助等内容。

④ 运维阶段:含运维应用方案策划,运维应用系统搭建,运维模型构建或更新,空间分析及管理,设备运行监控、能耗分析及管理,设备设施维护管理,BA 或其他系统的智能化集成,模型及文档管理、资产管理、应急管理,基于 BIM 的运维系统应用等内容。

对于改扩建及修缮(大修)项目,主要包含:新建项目的常规应用,改扩建及修缮模型构建,建筑性能分析、交通设施分析、装饰效果分析,改扩建及修缮施工模拟,运维管理等内容。

取

费

10

BIM 所带来的价值已经被广泛认可,但在实际工作中,BIM 应用会通过先期投入来实现工程增值,尤其在基于 BIM 的项目实施模式与传统模式并行阶段,BIM 应用往往需要有额外投入费用。最近几年,部分地区出台了 BIM 应用的取费标准,为行业 BIM 应用提供了参考依据。需要指出的是,BIM 取费标准的设定是权宜之计,由于 BIM 应用方式的多样性和复杂性,很难一刀切确定 BIM 的取费方式和取费标准,BIM 应用取费应随着行业、市场和服务内容的变化不断调整,也具有一定的个性化特征。本章主要包括 BIM 应用取费的基本原则和咨询服务取费。

10.1 取费基本原则

BIM 应用取费是一个市场行为,但由于 BIM 是一种新兴技术,政府或者业主等单位在项目论证和任务委托时需要一个价格参照,因此最近几年各地陆续发布了一些取费标准,这些取费标准大多采用如下思路:

(1)按照工程类型划分,例如工业与民用建筑按照建筑面积取费,市政、交通、园林景观等按照建筑安装费用的一定百分比取费,并通过工程复杂性系数、装配式应用程度等进行调整;

(2)按照实施阶段划分,例如方案阶段、设计阶段、施工阶段和运维阶段以及这些阶段的组合等,并根据组合情况和模型深度调整系数;

(3)BIM 咨询服务费按照各阶段 BIM 费用的一定百分比进行取费或双方协商取费;

(4)BIM 软件和硬件费用、平台开发费、培训费用以及科研费用按照双方协商确定。

应该说,以上取费基本考虑了影响 BIM 应用的主要内容和取费的主要因素,一些地区明确规定 BIM 费用应在工程概算中单列,而一些地区则明确费用在现有工程费用中进行统筹。在实践中,一些建设单位也通过自筹方式解决。

但在实际操作中,由于各单位对 BIM 应用理解不足、取费标准执行差异性以及实际服务的多样性,导致取费标准也出现了一些负面效果。①BIM 取费使得 BIM 应用成为费用导向而非应用价值导向,从而走向了低价竞争的恶性循环,阻碍了 BIM 应用的高质量发展;②实践中大多将最低取费标准作为费用的最高标准或者统一标准，从而使得 BIM 服务统一化，甚至建模化，制约了 BIM 应用的创新性和多样性发展；③以房建为代表，BIM 取费大多形成了以建筑面积作为基数的计算方式，制约了 BIM 的咨询服务发展，逐步形成了认为 BIM 应用就是 BIM 建模或者 BIM 是一种设计工作的错误理解。

随着 BIM 应用的逐步普及，BIM 将逐渐和设计、施工、咨询等工作紧密结合，BIM 取费也将变得更为复杂。因此，BIM 的取费应把握以下几个基本原则。

（1）价值创造导向的取费理念。BIM 应用的最终目的是为工程项目全生命期管理创造价值，因此 BIM 取费不应是价格导向，更不应"一刀切"。BIM 应用前应进行策划，根据 BIM 实现的工程目的以及由此带来的任务来测算费用，这之中可能既包括建模费用、咨询费用、软硬件费用和科研费用，还可能包括由此带来的管理协调费用等。

（2）基于价值的市场竞争。随着 BIM 应用日益广泛，大部分设计、施工、咨询等都具备基本的 BIM 应用水平，一些单位还有专门的 BIM 研发部门，另外也涌现出一大批 BIM 应用咨询企业以及信息化企业，因此 BIM 应用已经具有市场竞争的基础条件。但是，需要改变过去基于价格的市场竞争模式，即低价竞争，应重视参建单位应用 BIM 进行价值创造的能力，例如基于 BIM 的医疗工艺优化能力。

（3）根据服务内容特征取费。在医疗卫生领域，当前大部分地区和项目已经将 BIM 应用取费统一为根据建筑面积取费，这是一种错误方式，实际上将 BIM 应用简化为 BIM 建模；也有项目将 BIM 应用视为信息化工程，同样也是错误做法。BIM 服务内容包括 BIM 建模、基于模型的咨询、BIM 应用管理、软硬件以及创新研究等多种类型，不同类型的服务特征不同，因此取费方式也应不同。例如 BIM 应用管理实际上是一种管理服务，往往和派驻人员数量、水平以及服务时间有关，与建筑面积和投资规模并不正相关，因此简化为按建筑面积和投资规模不尽合理。

（4）区分业主与其他参建方的 BIM 应用。业主、设计、施工和咨询等均会涉及 BIM 应用问题，但各方应用 BIM 的目的会有所差异，例如设计方为了提高设计效率和设计质量开展 BIM 正向设计，施工方为了提高施工精细化管理水平，造价咨询为了开展智慧造价分析等，都会主动进行 BIM 应用。这样一来，原有的设计费、建安费、咨询费等计算方式应根据 BIM 应用情况适时调整，将 BIM 费用内化于以上费用中，从而可能无需额外增加 BIM 费用。但是,由于业主方需要协调各单位 BIM 应用,管理全生命期 BIM 应用,可能会聘请专业管理公司,从而会额外增加管理费用。

目前一些项目的做法是将 BIM 应用分割为设计阶段、施工阶段和运维阶段,从而将 BIM 费用放置在设计费、建安费和运维费中,这虽然解决了 BIM 费用的来源问题,但将 BIM 应用割裂化,影响了 BIM 价值的充分发挥,也给 BIM 协调带来了挑战。

10.2 咨询服务取费

在医疗建设工程中,考虑到大部分公立医院建设单位都缺乏工程管理以及 BIM 应用的专业管理能力,因此聘请专业的 BIM 咨询单位成为一种重要方式。针对 BIM 应用咨询服务内容,相应取费可分为如下四种类型。

(1) BIM 建模及基于模型的分析。该服务内容通常根据项目规模、复杂性、建模深度等进行取费,服务取费一般基于建筑面积进行计算。一些特定空间的建模也可按照功能单元按项计算,例如手术室、大型机房、样板房等。该部分取费可参照各地已发布 BIM 取费标准。

(2) 基于 BIM 的项目管理咨询或专业顾问服务。该服务内容通常由专业咨询公司针对项目重点、难点提供专业咨询,例如基于 BIM 的医疗工艺优化、空间布局优化、4D 计划模拟和工程量校核等,或者提供驻场服务,包括代表委托方(院方、代建单位或建设单位等)进行各单位 BIM 应用的组织和协调工作。服务取费一般参考项目管理服务取费模式,即根据提供专业服务的内容以及派驻人员的岗位层次、数量、服务时间(或折算的服务时间)进行"成本＋酬金"或者按人年产值方式计算,也可按照总投资的一定比例进行取费计算。

(3) 基于 BIM 的相应平台或软硬件服务。该类型内容通常包括软硬件采购、平台开发或者二次开发以及相应的培训或应用咨询服务。对于软硬件采购、培训或者应用咨询服务,若非 BIM 服务单位自有产品,则既可以由 BIM 服务单位总负责,也可由业主自行采购,供应商提供相应配套服务。而对于 BIM 服务单位自有产品或者需要单独开发或者二次开发的平台,则根据平台功能、开发量、服务时间等进行报价,该部分通常可参照信息化平台取费方式进行计算。

(4) 面向 BIM 的科研创新服务。该服务内容通常由于项目规模大、复杂性高而具有开展科研创新的必要性,也包括可能的成果总结出版、行业奖项申请等创新工作。该部分通常根据工作量和工作难度进行测算,采用固定包干价格方式。

如以上费用已经在工程费用中单列,可根据项目实际情况进行测算和立项;如工程费用中只有部分费用,则需要根据业主拟开展的服务内容进行自筹或从其他费用中进行统筹;如一些内容例如建模由设计单位承担,则应规定好建模要求并在合同中进行约定,以利于后续基于模型开展相关应用。

参考文献 REFERENCES

［1］中国城市规划设计研究院.城市信息模型应用统一标准（CJJ/T318—2023）［M］.北京：中国建筑工业出版社，2023.

［2］住房和城乡建设部，国家质量监督检验检疫总局.建筑信息模型应用统一标准 GB/T 51212—2016［M］.北京：中国建筑工业出版社，2017.

［3］医院运维建筑信息模型应用标准 T/CECS 1096—2022.

［4］上海申康医院发展中心，上海市同济医院，等.上海市级医院智慧后勤管理系统建设与运维指南［M］.上海：同济大学出版社，2020.

［5］余雷，张建忠，蒋凤昌，等.BIM 在医院建筑全生命周期中的应用［M］.上海：同济大学出版社，2017.

［6］王兴鹏.医院后勤管理［M］.北京：中国协和医科大学出版社，2022.

［7］张建忠，陈梅，李永奎.新兴技术在智慧医院工程全生命周期中的应用［M］.上海：同济大学出版社，2021.

［8］中国医院协会，同济大学复杂工程管理研究院.医院建筑信息模型应用指南（2018 版）［M］.上海：同济大学出版社，2018.

［9］中国医院协会，同济大学复杂工程管理研究院.医院建设工程项目管理指南［M］.上海：同济大学出版社，2019.

［10］Smart Hospitals：Security and Resilience for Smart Health Service and Infrastructures［R］. 2016.

［11］GRIEVES M，VICKERS J. Digital Twin：Mitigating Unpredictable，Undesirable Emergent Behavior in Complex Systems［C］. KAHLEN F J，FLUMERFELT S，ALVES A. Transdisciplinary Perspectives on Complex Systems：New Findings and Approaches. Switzerland：Springer International Publishing，2017：85-113.

［12］LiYongkui，Xiyu Pan，Yilong Han，et al. From building information modeling to hospital information modeling. In Research Companion to Building Information Modeling［M］. London：Edward Elgar Publishing，2022.

［13］MichaelPhiri. BIM in Healthcare Infrastructure：Planning，Design and Construction［M］. London：ICE Publishing，2016.

［14］McKinsey & Company. Imagining construction's digital future［R］. 2016.

［15］Project Management Institute. Next Practices：Maximizing the Benefits of Disruptive Technologies on Projects［R］. 2018.

［16］World Economic Forum. Shaping the Future of Construction：A Breakthrough in Mindset and Technology［R］. 2016.